水处理膜污染结构参数与微观作用评价方法

王　磊　王旭东　著

国家973计划前期研究专项课题及
国家自然科学基金项目成果

科学出版社
北　京

内 容 简 介

本书是作者在水处理、膜分离等领域理论与技术成果的总结。本书重点介绍膜污染结构参数模型的建立、验证及在膜污染评价中的应用，膜与污染物及污染物与污染物之间微观作用力的测定原理、方法及在膜污染评价中的应用，QCM-D 分析手段对膜污染物吸附层特征的测定原理、技术方法及针对不同类型污染的评价，以及减缓膜污染的相关技术和对未来技术发展的思考。

本书可供环境工程、市政工程领域的科研人员及从事相关生产和研发的技术人员参考使用，也可供相关专业高校师生阅读。

图书在版编目（CIP）数据

水处理膜污染结构参数与微观作用评价方法 / 王磊，王旭东著. —北京：科学出版社，2020.11

ISBN 978-7-03-064083-3

Ⅰ. ①水… Ⅱ. ①王…②王… Ⅲ. ①生物膜(污水处理)-结构参数-研究 Ⅳ. ①X703

中国版本图书馆 CIP 数据核字（2020）第 015413 号

责任编辑：祝 洁 杨 丹 / 责任校对：杨 赛
责任印制：张 伟 / 封面设计：迷底书装

科学出版社 出版
北京东黄城根北街 16 号
邮政编码：100717
http://www.sciencep.com
北京厚诚则铭印刷科技有限公司 印刷
科学出版社发行 各地新华书店经销
*
2020 年 11 月第 一 版 开本：720 × 1000 B5
2023 年 1 月第三次印刷 印张：10 3/4
字数：214 000

定价：120.00 元

（如有印装质量问题，我社负责调换）

序

膜分离技术在水质净化、医疗卫生、资源回收等多领域的广泛需求和应用，使过程用水和排水水质千变万化，导致膜分离过程越来越复杂。持续、深入地研究、解决这些难题，必将有力地推动膜分离技术快速发展。

《水处理膜污染结构参数与微观作用评价方法》一书作者长期从事膜分离理论与技术的研究，在膜污染研究方面取得了颇有新意的成果，并将不少理论成果推进到应用领域，对促进经济建设起到了积极的效果。

基于膜孔径与膜孔密度在分离过程中的变化而建立的膜污染结构参数模型，为评价膜污染的类型及原因、建立相应消除技术提供依据。对不同类型AFM 胶体探针及测试技术的研究，实现了膜与污染物、污染物与污染物之间的微观作用力的测定，进而依据膜与污染物特性，掌握优势污染物，探究膜污染机制，指导膜材质选择，使缓解对策的提出更加科学有据；对不同膜材料及污染物的 QCM-D 芯片制作及污染物吸附层的结构特性的研究，不仅可以反映膜对污染物的吸附量，而且能反映膜面污染物吸附层结构的软硬度特征，因而更便于其广泛应用。

在通过膜结构与微观作用的变化评价膜污染特征的研究中，该书以不同结构的膜、实际水质及典型代表污染物为对象，进行了大量实验分析，解析了膜污染机制，在一定程度上获得了一些规律性结果。对于这些结果，该书又以新的认识进行了系统化的分析整合，拓展了知识视野，使其系统性和结构性更好。该书的出版，对膜分离技术在水处理乃至其他领域的应用发展具有积极意义。该书作者在研究中，力求揭示事实真相的科学精神，结合实际不断完善的求索态度，以及对未来解决膜污染问题的思考，都将给从事相关学习、研究和实践的读者提供启发和帮助。

中国工程院院士 侯立安

2019 年 7 月 15 日

前　言

淡水资源的缺乏和日益加剧的污染，促使人们加快清洁净化技术的革新，膜分离技术在水处理过程中的应用因此得到了快速发展。

既往针对膜分离过程中通量下降、跨膜压差升高问题开展的相关研究，获得了众多性能恢复技术，为膜分离技术的推广应用积累了宝贵的经验。然而，膜污染问题是膜分离技术推广和应用的重要阻碍。因此，深入探讨形成膜污染的根本原因，科学地应用减缓膜污染的策略及采取有效应对措施等，是该领域的研究热点。

作者团队在国家 973 计划前期研究专项课题(NO.2008CB417211)，国家自然科学基金项目(NO.50308023、NO.50578183、NO.51008243)，陕西省重点科技创新团队建设计划及多个重点产业链(群)项目的支持下，在水处理膜分离的理论和技术方面取得多项成果，在技术转化及应用方面创造了良好的经济及环境效益。本书将与膜污染相关的部分成果系统梳理，以理论与实践紧密结合的认识高度，揭示膜污染形成的深层次原因，分析造成膜污染的优势物作用因素，为针对性采取对策、设计与运行管理提供支持。

本书从膜污染过程中膜孔径和孔隙率的变化特征出发，建立膜污染结构参数模型，从膜的结构参数的变化，获得膜面、膜孔污染的程度和原因，并分析膜污染，提出指导调控运行过程中膜污染的技术方法，为科学地解决膜污染问题，深入探索膜污染微观作用评价技术方法提供一定基础。

以前期对膜污染性质的认识为基础，借助多功能 AFM 探针和复杂水质条件的复合污染物 AFM 探针，以及建立的测定技术，科学地测定膜与污染物及污染物与污染物之间的微观作用力，从而达到分析产生膜污染的优势作用物性质的目的，并分析膜污染产生的深层原因。

利用石英晶体微天平芯片的吸附技术，测定膜材料或污染物在芯片的吸附特征，通过污染物的吸附量与对膜污染层的软硬度特征分析，评价膜污染特性，克服了某些情况下探针难以制备的困难，更具优势，应用范围更广泛。

本书还对超滤膜、纳滤膜、传统材料膜以及特殊用途的改性膜污染的微观作用进行评价，并介绍其基础原理、制作技术、实验手段、性能表征等，希望在膜污染问题研究中起到抛砖引玉的作用。

膜污染因膜的应用而生，随着膜污染问题科学地解决，膜的应用范围更广泛。为适应水质千变万化的需求，从膜生产的角度出发，由供给方改进膜性质，能为解决膜污染问题开辟更广阔的天地。

本书共 6 章。第 1、6 章依据作者多年研究积累，结合同行学者的观点和实践经验，反映水处理膜污染控制现状及对未来发展的认识。第 2～5 章系统地介绍作者团队在水处理膜污染结构参数与微观作用评价方面的研究结果。

本书由西安建筑科技大学王磊和王旭东主持撰写。各章撰写分工如下：第 1 章，王旭东、吕永涛、王磊；第 2 章，王旭东、王磊；第 3 章，王磊、苗瑞、王蕾；第 4 章，孟晓荣、黄丹曦、王磊、苗瑞；第 5 章，王磊、王佳璇、吕永涛；第 6 章，王磊、吕永涛、崔海航、王旭东、朱甲妮。

由于本书涉及的研究工作持续时间长，参与的师生有近百名之多，他们做了相当广泛的基础研究工作。陕西省环境工程重点实验室、陕西省膜分离重点实验室和陕西省膜分离技术研究院为前期研究提供了良好的实验条件。西安建筑科技大学研究生院积极支持本书研究成果用于研究生教学。王志盈教授对本书结构、内容、文字进行了详细审查，提出了宝贵意见。研究生贺苗露、孙涵、陈嘉智、李进及赵晓晨协助做了大量文字整理工作。在此一并表示衷心感谢！

由于作者水平有限，书中疏漏之处在所难免，恳请广大读者批评指正！

目　录

序
前言
第1章　绪论 1
1.1　水处理膜分离技术 1
1.1.1　膜分离技术的分类 1
1.1.2　膜分离技术特点概述 2
1.1.3　膜分离技术在水处理中的应用 3
1.2　水处理膜污染概念及影响因素 4
1.2.1　膜污染定义及分类 4
1.2.2　典型膜污染类型 5
1.2.3　水处理中膜污染的影响因素 5
1.3　水处理膜分离过程中不同类型膜的污染问题 7
1.3.1　微滤膜的污染问题 8
1.3.2　超滤膜的污染问题 8
1.3.3　纳滤膜的污染问题 9
1.3.4　电渗析膜、反渗透膜的污染问题 9
1.3.5　其他膜分离过程的污染问题 10
1.4　水中颗粒物的截留机理分析 11
1.4.1　悬浮颗粒的机械截留机理分析 11
1.4.2　膜分离过程中变形体颗粒的截留受力分析 12
1.4.3　分离膜面的滤饼过滤机理分析 12
1.5　水处理膜污染模型分析 13
1.5.1　机理模型 13
1.5.2　经验模型 23
1.5.3　半经验模型 26
1.6　水处理膜污染模型的指导意义及展望 29
1.6.1　基于污染物与膜孔径相对尺度特征的膜污染机理 29
1.6.2　膜污染模型的应用指导分析 31
1.6.3　指导水处理膜污染理论的深化研究 32
参考文献 32

第 2 章 超滤膜污染结构参数模型的建立及膜污染评价 ······ 36
2.1 电镜法对超滤膜污染结构参数的确定 ······ 36
2.1.1 聚偏氟乙烯超滤膜污染结构参数的测定 ······ 37
2.1.2 对聚丙烯腈超滤膜污染结构参数的测定 ······ 38
2.1.3 对聚醚砜超滤膜结构参数的测定 ······ 40
2.1.4 不同材质超滤膜结构参数的结构分析 ······ 41
2.2 超滤膜污染结构参数模型建立的基础 ······ 41
2.3 超滤膜污染结构参数模型 ······ 43
2.3.1 膜污染结构参数模型的建立 ······ 43
2.3.2 膜污染结构参数的求解 ······ 45
2.4 超滤膜污染结构参数模型的实验验证 ······ 45
2.4.1 实验装置 ······ 45
2.4.2 实验原水 ······ 45
2.4.3 实验数据的处理 ······ 46
2.4.4 超滤过程膜污染结构参数模型验证 ······ 47
2.5 膜污染结构参数模型对超滤膜污染的评价 ······ 48
2.5.1 不同性状原水超滤过程的膜污染结构参数评价 ······ 48
2.5.2 不同操作条件和运行模式下的膜污染结构参数评价 ······ 52
2.6 基于超滤膜污染结构参数的膜污染控制方法及控制系统 ······ 55
2.6.1 基于超滤膜污染结构参数的膜污染控制方法介绍 ······ 55
2.6.2 基于超滤膜污染结构参数变化的膜污染控制系统 ······ 55
2.6.3 基于超滤膜污染结构参数的膜污染控制方法及系统应用 ······ 58
参考文献 ······ 60
第 3 章 超滤膜污染机制的微观作用评价 ······ 62
3.1 原子力显微镜及胶体探针技术简介 ······ 62
3.1.1 原子力显微镜概述 ······ 62
3.1.2 原子力显微镜胶体探针 ······ 63
3.1.3 原子力显微镜在膜污染研究领域的应用 ······ 63
3.2 AFM 胶体探针制备方法 ······ 64
3.3 AFM 胶体探针制备平台的设计与搭建 ······ 65
3.4 AFM 胶体探针的制备 ······ 66
3.4.1 熔融烧结法制备 PVDF 胶体探针 ······ 66
3.4.2 吸附法制备有机物胶体探针 ······ 67
3.4.3 物理黏附法制备羧基官能团胶体探针 ······ 69
3.5 AFM 胶体探针使用性能检验分析 ······ 69

3.6　超滤膜污染微观作用力测定方法 …… 70
3.6.1　微观作用力表述 …… 70
3.6.2　微观作用力测定方法 …… 71
3.7　典型溶解性有机物对 PVDF 超滤膜污染的微观作用力评价 …… 72
3.7.1　典型有机物对超滤膜的宏观膜污染行为特征 …… 72
3.7.2　典型有机物超滤膜面污染层结构特征分析 …… 72
3.7.3　典型有机物超滤膜污染机理微观作用力评价 …… 74
3.8　无机盐含量对超滤膜有机物污染影响的微观作用力机制评价 …… 77
3.8.1　离子强度对超滤膜有机物污染的微观作用力影响评价 …… 77
3.8.2　无机离子种类对超滤膜有机物污染的微观作用力影响 …… 82
3.9　实际水质的超滤膜污染微观作用力评价 …… 84
3.9.1　城市二级处理水水质特征分析 …… 84
3.9.2　不同亲疏水性有机物对超滤膜污染行为的微观作用力研究 …… 85
3.9.3　二级处理水总残留有机污染物与膜及有机物间微观作用力评价 …… 88
3.10　膜污染微观作用力对膜制备及运行的指导 …… 89
参考文献 …… 90
第 4 章　超滤膜污染的 QCM-D 分析与评价 …… 94
4.1　QCM-D 技术简介 …… 95
4.1.1　QCM 工作原理与设备构成 …… 95
4.1.2　QCM 分析原理 …… 97
4.1.3　QCM-D 工作原理 …… 98
4.2　QCM-D 技术应用于膜污染分析的原理和方法 …… 101
4.2.1　QCM-D 技术应用于膜污染分析的原理和过程 …… 101
4.2.2　QCM-D 覆膜芯片制备与表征 …… 103
4.3　典型有机污染物超滤膜污染行为的 QCM-D 分析与评价 …… 106
4.4　复杂水质条件下 PVDF 超滤膜膜污染行为的 QCM-D 分析与评价 …… 110
4.5　无机盐协同 BSA 超滤膜污染行为的 QCM-D 分析与评价 …… 114
参考文献 …… 116
第 5 章　纳滤膜污染机制的微观作用评价 …… 118
5.1　纳滤膜与纳滤膜污染 …… 118
5.1.1　纳滤膜 …… 118
5.1.2　纳滤膜污染及分类 …… 118
5.2　纳滤膜污染的影响因素及特征 …… 119
5.2.1　原水水质的影响及特征 …… 120

5.2.2　纳滤膜性能的影响及特征 ········ 122
5.2.3　系统操作条件的影响及特征 ········ 122
5.2.4　浓差极化作用的影响及特征 ········ 123
5.3　纳滤膜污染的分析与表征方法 ········ 124
5.3.1　污染膜的表面物理特征分析与表征 ········ 124
5.3.2　污染膜的表面化学特征分析与表征 ········ 124
5.3.3　污染膜的表面生物特征分析与表征 ········ 124
5.4　纳滤膜的复合污染作用 ········ 125
5.4.1　复合污染的协同作用 ········ 125
5.4.2　复合污染的拮抗作用 ········ 125
5.5　纳滤膜有机-无机复合污染的特征与微观作用机制评价 ········ 126
5.5.1　有机-无机复合污染的特征分析 ········ 126
5.5.2　有机-无机复合污染的微观作用测试技术 ········ 128
5.5.3　有机-无机复合污染过程中的污染物微观吸附特征评价 ········ 129
5.5.4　有机-无机复合污染过程中的微观作用力评价 ········ 132
5.5.5　有机-无机复合污染过程中结垢污染的微观作用机制综合评价 ········ 135
参考文献 ········ 136
第 6 章　缓解水处理膜污染的技术方法与分析 ········ 139
6.1　水处理膜污染的缓解技术 ········ 139
6.1.1　污染膜的清洗与技术选择 ········ 139
6.1.2　污染膜的常规清洗技术 ········ 140
6.1.3　特殊清洗技术 ········ 142
6.2　操作条件对膜污染的影响分析 ········ 145
6.2.1　膜分离过程的流动及传质方程 ········ 145
6.2.2　死端过滤与错流过滤对膜污染的影响分析 ········ 145
6.2.3　脉冲及连续流进水方式对膜污染的影响分析 ········ 147
6.2.4　其他操作方式对膜污染的影响分析 ········ 148
6.3　水处理膜抗污染性能改进方法 ········ 149
6.3.1　水处理膜抗污染改性的主要目标 ········ 150
6.3.2　水处理膜抗污染改性的技术方法 ········ 150
6.4　调整膜结构改进膜抗污染性能 ········ 153
6.4.1　膜的孔隙结构对膜抗污染性能的影响 ········ 153
6.4.2　膜材料性质对膜结构的影响 ········ 153
6.4.3　膜制备方法对膜结构的影响 ········ 154

6.5　调整膜面性质改进膜抗污染性能……154
6.5.1　膜表面的亲疏水性质对膜抗污染性能的影响……154
6.5.2　膜表面电荷与溶质性质对膜抗污染性能的影响……155
6.5.3　膜表面粗糙度对膜抗污染性能的影响……156
参考文献……156

第1章 绪　　论

1.1 水处理膜分离技术

1.1.1 膜分离技术的分类

膜分离技术是应用最为广泛的分离技术之一。目前，已经深入研究和开发的膜分离技术有微滤技术、超滤技术、纳滤技术、反渗透技术和电渗析技术等。

1) 微滤技术

微滤(microfiltration，MF)技术是以微滤膜为核心部件，在 0.01～0.2MPa 的压力推动下，截留大小为 0.1～1μm 物质的膜分离过程。微滤技术利用多孔膜对大小为 0.1～1μm 的颗粒进行拦截，根据过滤机理的不同又可以分为筛分、滤饼过滤及深层过滤。

微滤技术具有操作压力低、占地面积小等特点，被广泛地应用在饮用水处理工程、废水处理、医药行业、食品行业等领域。

2) 超滤技术

超滤(ultrafiltration，UF)技术是以超滤膜为核心部件，以压力为驱动的膜分离过程。配合一定的预处理，能彻底截留水中的细菌、胶体等大分子物质，而保留水中微量元素及矿物质。超滤膜孔径范围为 0.01～0.1μm，能使溶剂和小分子溶质透过膜，截留下大分子溶质。该技术利用大通量、耐高温、抗氧化性强的超滤膜及膜组件，可以实现水的再利用，在蛋白质等大分子物质分离上应用突出。

超滤技术具有操作简便、成本低、处理能力强等优点，在饮用水深度处理、工业废水再生处理和工业工艺用水领域得到较为广泛的应用。

3) 纳滤技术

纳滤(nanofiltration，NF)技术是利用孔径大小介于反渗透膜和超滤膜之间的膜进行的分离技术。纳滤膜孔径范围为 1～5nm，能截留分子量大于 200 的各类物质。

纳滤技术使用的纳滤膜具有离子选择性，广泛应用于河水及地下水中有害物质的去除、废水处理及贵稀资源分离回收等，最大的优点是投资成本低。

4) 反渗透技术

反渗透(reverse osmosis，RO)技术以反渗透膜为核心部件，在溶液的液面上施加大于渗透压的压力，使溶剂流动方向与原来的渗透方向相反，从溶液侧向溶剂侧流动。

反渗透技术不仅能截留大分子溶质和胶体物质，还能截留各种无机离子；膜的孔径介于0.5～10nm，分离过程简单，能耗低，广泛应用于城市污水处理、饮用水和含盐水的处理等方面。

5) 电渗析技术

电渗析(electrodialysis，ED)技术是在外加直流电场的驱动下，利用离子交换膜的选择透过性分离不同的溶质粒子，实现溶液的提纯和分离物质的过程。

电渗析技术是一种较为成熟的水处理技术，主要应用于废水中污染物的分离和酸碱的制备。典型的应用实例有：①从造纸废水中回收碱和木质素；②含铜、镍、锌、铬等金属离子的电镀废水处理，例如，日本某精炼钢厂采用电渗析装置处理硫酸镍废水。

1.1.2 膜分离技术特点概述

膜分离技术与其他传统的分离技术相比，在水的净化领域具有多方面的优势，主要表现在以下几个方面。

1) 分离效果好

膜分离技术可分离纳米级的物质，能够有效地分离水中的消毒副产物、有机物以及细菌、病毒等微生物。

2) 分离能耗低

大多数膜分离过程不发生相变，降低了能量损耗。另外，多数膜分离过程是在常温条件下进行的，无须加热或冷却，能量损耗很少。

3) 操作简便

大部分的膜分离设备设置了中控系统，可一键操作，快捷简便，且很少需要维护，安全可靠。

4) 成本低

膜分离过程几乎不需要投加药剂，降低了成本，同时避免了投药产生的二次污染问题。

膜分离主要是将分离膜看作使两相分开的一种薄层物质，称其为薄膜，简称为膜，具有渗透性，在分离过程中也具有半渗透性。膜可以存在于两流体之间或附着于支撑体或载体的微孔隙上；膜的厚度远小于其表面积，其材料可以是天然的也可以是人工合成的。在混合物中，膜分离技术针对不同的气体或液体组分，其选择渗透作用性能也不相同。利用膜的选择渗透作用之间的差异性，通过外界能量或化学位差等，实现对混合物中被选择透过的物质的分离。

膜分离技术在污水处理、食品、能源、医药、化工生产等行业得到了广泛的应用，取得了较快的发展。膜分离技术功能相对较多，体现了诸多优势，在不同行业的发展过程中，带来了巨大的经济效益。在分离科学中，膜分离技术的重要性得到高度的重视。

作为一种新型的高效分离、浓缩、提纯及净化技术，膜分离技术具有多学科性特点。不同膜分离过程具有不同的机理，从而适用于不同的对象和要求。膜分离技术可在常温下连续操作，特别适用于热敏性物质的处理，在食品加工、医药、生化技术领域有其独特的适用性。

当利用常规分离方法不能经济合理地进行分离时，膜分离技术会达到特殊效果。另外，它也可以和常规的分离单元结合起来作为组合单元来运用。

膜分离过程也有自身的缺点，如易浓差极化、膜污染和膜寿命有限等，这些都是需要克服或者解决的问题。

1.1.3 膜分离技术在水处理中的应用

1) 饮用水净化

随着食品安全意识的提升，人们对饮用水的安全也越来越重视。我国城市饮用水源污染逐渐加剧，大部分水源无法满足饮用水源的标准，因此加强对城市饮用水的净化显得尤为重要。

城市饮用水源的地面水和地下水，主要受真菌、病毒、微生物以及悬浮物等污染，需要通过传统的水处理技术对饮用水中的微生物以及细菌等进行灭活。但传统水处理技术难以去除微米级的悬浮颗粒，而利用超滤技术可以有效地提升水质，保证城市居民的健康。

2) 城市污水回用

城市污水回用可有效缓解城市用水压力。对城市污水进行处理，使水质达标从而用于城市不同功能需求的用水系统中，实现淡水资源的回收利用。膜分离技术在有效提升水质，使污水达到再利用标准过程中起关键作用。

3) 工业废水处理

很多工厂排放的废水成分复杂，而且排量较大，一些成分甚至有毒，污染了水源，给生态环境和人们的身体健康带来很大的危害。因此，需要加强对工业废水的处理，回收工业废水中的有用物质，从根本上做到节约能源和资源，进而实现经济的可持续发展。膜分离技术在工业废水处理中具有重要的作用。

4) 海水淡化

地球最大的水资源是海水，处理后的海水是重要的新淡水资源。在海水的处理过程中，用到的膜分离技术主要包括电渗析、反渗透和膜蒸馏等。电渗析技术能将海水不断地进行淡化，制备淡水直接饮用。反渗透技术可以将海水进行淡化，能耗低，脱盐率高。目前利用反渗透技术对海水进行淡化制取饮用水，已成为解决淡水资源不足的重要技术。膜蒸馏技术能耗较低，清洁环保，而且设备较简单，操作比较容易。除此之外，正渗透(forward osmosis，FO)技术由于是以溶液两端的浓度差作为分离动力，在分离过程中不需外加压力，相较于传统的膜过滤，具有优秀的抗污染性能和较好的膜恢复能力，在多个领域具有重要的应用。

5) 苦咸水脱盐

为了解决我国淡水资源日益紧张的问题，利用膜分离技术使苦咸水脱盐淡化，主要包括电渗析技术、反渗透技术和纳滤技术等。由于电渗析技术不能有效地去除水中的有机物和细菌，并且其能耗相对较大，应用范围受到限制。而反渗透技术处理后的水质良好，能耗相对低，而且较为清洁和环保，整个脱盐过程比较简单，易于操作，在苦盐水脱盐淡化过程中，实现了经济效益的最大化。和反渗透技术相比，纳滤技术所需压力较低，能耗进一步降低，且在去除水中杂质以及部分可溶性物质的同时，有效地保留水中一些对人体有益的元素及其他成分，使纳滤技术成为高含盐水处理领域的热点。

6) 有用资源的回收

不同工业过程产生的废液中含有许多可用的资源，膜分离技术因其选择渗透作用，可在含量极低的情况下实现贵稀物质的回收。

1.2 水处理膜污染概念及影响因素

1.2.1 膜污染定义及分类

膜污染是指处理料中的微粒、胶体粒子或溶质大分子与膜存在物理化学作用或机械作用，在膜表面或膜孔内吸附、沉积而造成膜孔径变小或阻塞，使膜通量与分离特性产生不可逆变化的现象(王学松，2005)。

膜污染一般由无机物的沉积(结垢)、有机分子的吸附(有机污染)、颗粒物的沉积(胶体污染)、微生物的黏附及生长(生物污染)等相互作用所引起。

根据污染物种类，膜污染可分为沉淀污染、吸附污染和生物污染；根据物化现象，超/微滤膜污染机理可分为浓差极化、滤饼层形成和膜孔堵塞。膜污染造成通量衰减主要表现为运行过程中的传质阻力增加。其污染类型可归纳为吸附、堵塞等引起的不可逆污染，以及浓差极化形成凝胶层导致的可逆污染。可逆污染与不可逆污染共同作用造成了运行过程中膜通量的衰减或阻力的增加。

1.2.2 典型膜污染类型

膜污染物质因膜处理料液的不同而异，大致可分为以下几种污染类型。

1) 胶体污染

胶体通常是呈悬浮状态的微细粒子，均布于水体中，在膜过滤过程中，大量的胶体微粒随透过膜的水流涌至膜表面，被膜截留下来的微粒容易形成凝胶层。与膜孔径大小相当或小于膜孔径的粒子会渗入膜孔内部，堵塞流水通道而产生不可逆的变化。造成胶体污染的主要物质有：黏土矿物、胶体二氧化硅、金属(铁、锰和铝)氧化物、有机胶体类物质、悬浮物和无机盐沉淀等。

2) 有机物污染

水中的有机物，有的是在水处理过程中人工加入的，如表面活性剂、清洁剂和高分子聚合物絮凝剂等，有的则是原水中本身存在的，如腐殖酸(humic acid, HA)、分子量较低的有机酸、氨基酸、碳水化合物和羟基化合物等复杂有机物混合而成的物质，因其理化性质的差异，对膜造成不同程度的污染。

3) 无机物污染

压力驱动的膜过滤过程中，原水中大量难(微)溶性无机盐的浓度超过其溶解度后会在膜表面积累、结垢而造成膜污染，称为无机物污染。碳酸钙、硫酸钙、硫酸钡、硅酸盐等为结构层中的主要无机物，其中以碳酸钙和硫酸钙最为常见。无机结垢一旦在膜系统内生成，很难通过常规方法处理去除。

4) 微生物污染

微生物污染会影响膜分离过程的长期安全运行。一些营养物质被膜截留而积聚于膜表面，细菌在这种环境中迅速繁殖，活的细菌及其排泄物质形成微生物黏液紧紧黏附于膜表面，这些黏液与其他沉淀物相结合，构成了一个复杂的覆盖层，不仅影响膜的透水量，而且会使膜产生不可逆的损伤。

1.2.3 水处理中膜污染的影响因素

膜污染现象与膜的性质、原水中污染物的性质以及膜分离过程的操作条件密切相关，膜污染机理十分复杂。研究表明，原水中溶解性有机物(dissolved organic matter，DOM)是影响膜污染的主要物质，其影响膜污染的污染物特性包括亲疏水性、电荷密度和分子量分布等；重要的溶液特性包括 pH、离子强度及其他溶质特性；重要的膜特性包括亲疏水性、荷电性和表面形状特性等(Wang et al.，2000；Yuan et al.，1999；Kaiya et al.，1996)。

1. 污染物的特性影响

1) DOM 亲疏水性的影响

有机物的亲疏水性对膜污染的影响主要有两种观点：一是疏水性有机物产

生较大的膜污染；二是亲水性有机物是产生膜污染的主要物质。

相关研究表明，腐殖酸的疏水性比富里酸强，在膜过滤过程中，腐殖酸对膜的吸附能力较大使得膜通量下降幅度较大(Schäfer et al.，2000；Jucker et al.，1994)。Nilson 等(1996)用 XAD-8 树脂对地表水中的 DOM 进行了分离，并指出纳滤膜通量下降几乎全部由疏水性 DOM 造成。Lin 等(2000)研究发现亲水性有机物相比疏水性有机物能引起更大的膜通量下降，亲水性部分引起的膜污染最大。

之所以会出现上述两种不同的观点，主要是因为研究条件的影响作用不同，也说明此类问题仍需要进行深入研究。

2) DOM 分子量的影响

有机物的分子量分布影响有机物的溶解性和亲疏水性，具有相似官能团的大分子和小分子相比，大分子的溶解性小，其有机物能引起较大的膜通量下降(Clark et al.，1993)。

3) DOM 电荷密度的影响

Thurman(1985)研究发现，90%以上的 DOM 是有机酸并且带负电。增加电荷密度会增加膜与 DOM 之间的排斥力，减少吸附。另外，较大的电荷密度会增加有机物的溶解性，从而减小有机物吸附到膜表面的趋势。在蛋白质溶液的超/微滤过程中，蛋白质分子的等电位点条件下，蛋白质在膜表面的吸附量最大，蛋白质分子和膜之间的静电排斥最弱(Matthiasson，1983)。

4) 溶液 pH 的影响

一般情况下，DOM 和膜表面是带负电的，它们的电荷密度受到溶液 pH 的影响。Combe 等(1999)对醋酸纤维、聚砜、聚醚砜和磺化聚砜等材料的超/微滤膜进行了膜荷电性随 pH 变化的研究，发现随着 pH 升高，膜表面负电荷增多。

在低 pH 时，DOM 分子的电荷主要受羧酸基和酚醛基官能团质子化的影响。研究表明，pH 为 4～7 时，腐殖酸和富里酸在聚砜和聚丙烯腈(polyacrylonitrile，PAN)超滤膜上的吸附能力较强，主要是因为在低 pH 下，膜和腐殖质上的负电荷减少，从而排斥力减小，使吸附能力增强，且随着 pH 的增大，其吸附能力减弱(Braghetta et al.，1998；Hong et al.，1997；Jucker et al.，1994)。

5) 溶液离子强度的影响

溶液中离子强度是决定 DOM 在膜表面吸附的一个重要因素，离子强度通过压缩双电层使 DOM 分子更容易接近膜表面而影响其在膜表面的吸附。较高的离子强度会减少腐殖酸分子的水合双电层，使它们更卷曲，从而堵塞膜孔(Yuan et al.，1999)。

钙离子是原水中常见的成分，被认为通过不同的机理影响 DOM 在膜表面的吸附。其一，钙离子的增加会使溶液离子强度增加，从而使膜表面的双电层压缩，使带负电的分子更易接近膜表面。其二，带正电的钙离子能与带负电的DOM分子结合。其三，钙离子能在DOM分子之间形成架桥，使它们不易溶解，直接促进了其在膜表面的吸附(Jucker et al.，1994)。

2. 膜性能的影响

1) 膜的荷电性的影响

通常情况下膜表面是带电的。膜所带电荷由膜表面能电离的官能团产生。带有羧酸官能团的膜，当官能团电离时，表面带负电；带有氨基官能团的膜表面则带正电。不含电离官能团的膜在运行中，其表面受介质影响有时也可以带电。膜表面电荷是溶液中的阴离子优先吸附产生的。阴离子水合性比阳离子小，可以与膜接触得更近。在运行条件下，大多数膜表面阴离子的优先吸附是膜表面带负电的原因。膜所带电荷也受pH的影响，其影响与pH对DOM的影响相似。

2) 膜的亲疏水性的影响

研究表明，膜的亲疏水性对通量下降有重要的影响。例如，再生纤维素膜比聚砜和聚丙烯腈膜发生污染的可能性更小，这与再生纤维素膜是亲水性膜有关(Laine et al.，1990)。亲水性越强，膜通量受原水水质变化影响越小(Childress et al.，1996)。

3) 膜的表面形状特征的影响

表面粗糙的膜有更大的比表面积，从而使胶体和膜之间有更多的接触机会，会增加胶体污染的速率(Childress et al.，1996)。

1.3 水处理膜分离过程中不同类型膜的污染问题

在水质净化、分离、过滤过程中，污染物与膜之间存在物理化学作用或机械作用，造成了膜的污染，使膜通量与分离特性发生了变化。造成膜污染的原因有沉淀污染、吸附污染、生物污染、形成凝胶层、形成滤饼等。

当原水中盐度超过其溶解度时，会在膜上形成沉淀或结垢。沉淀污染对反渗透膜和纳滤膜的影响尤为显著。可以通过减少离子积中阳离子或阴离子的浓度避免沉淀污染。

吸附污染是指可溶性高分子在膜的表面或膜孔内被吸附，从而对膜造成的污染。吸附污染和水中有机物在膜表面形成的凝胶层依靠纯水力清洗，效果不是十分理想，必须选择能有效溶解有机化合物的化学试剂进行清洗。

生物污染是指微生物在膜-水界面上积累，从而影响系统性能的现象。膜组件内部潮湿阴暗，是微生物生长的理想环境，故当原水的微生物活性较高时，极易发生膜的生物污染。

1.3.1 微滤膜的污染问题

溶解性物质和比微滤膜孔径小的物质可以透过膜成为膜透过液的成分。不能透过膜的物质被慢慢浓缩于膜表面和排放液中，通过错流式操作、反冲洗等过程被排出。微滤膜的孔径较大，对溶液没有分离作用，常用于截留溶液中的悬浮颗粒，由于造价低，对其污染问题的重视程度不高，而胶状物质是导致微滤膜污染的主要因素。

膜通量下降的原因主要有：

(1) 浓差极化。膜表面上溶质的浓度呈梯度增加，即边界层渗透压升高，使得膜的渗透通量下降。

(2) 膜孔阻塞。被分离溶质在膜表面或膜孔内形成阻塞，造成通量下降。

(3) 膜孔吸附。被分离溶质(尤其是蛋白质)在膜表面或膜孔内沉积进而吸附其他的分子，形成污染。

(4) 形成凝胶层。在较低流速时，浓差极化使膜表面的溶质浓度大于其饱和溶解度，在膜表面吸附沉积而产生凝胶层。

1.3.2 超滤膜的污染问题

目前，超滤膜材料主要分为有机和无机。超滤膜主要包括中空纤维、平板式、管式等形式。随着超滤膜分离技术的发展，其应用领域越来越广泛。然而，在超滤膜分离过程中，膜的选择性作用使膜表面总会发生体系中组分的浓缩而引起的膜污染及浓差极化现象，使得膜通量衰减和操作压力增大。

超滤膜是有孔膜，通常用于分离大分子溶质、小颗粒、胶体及乳液等，一般通量较高，而溶质的扩散系数低，因此受浓差极化的影响较大，其污染问题也常是浓差极化造成的。超滤膜污染是指粒子、胶体、微生物、大分子、盐等在膜表面或膜孔内发生的不可逆转的吸附、堵塞、沉积现象，从而导致膜通量的连续下降。溶解性有机物是造成超滤膜污染的主要因素，主要包括蛋白质、多糖、腐殖酸类物质等，这些物质黏附在膜表面，造成膜表面以及膜孔径的堵塞，使膜通量下降。

超滤膜污染物的种类主要有：

(1) 天然有机物。它是在自然循环的过程中，动植物的残骸腐烂分解所产生的大分子量有机物质，以及生物合成过程的生成物，不仅影响水处理工艺的处理效率，而且影响水质的色度、嗅味以及分离系统中微生物的再生长。

(2) 无机物。无机盐是造成膜污染的另一个重要原因，会使膜通量下降，压力升高，降低膜出水质量，甚至会缩短膜的使用寿命。当膜表面无机盐离子浓度超过其溶解度时，会结晶并附着在膜表面，形成污垢。$CaSO_4$、$CaCO_3$、SiO_2、$BaSO_4$是常见的在膜表面结垢的无机污染物。

(3) 微生物及其代谢产物。由于超滤膜表面附着很多腐殖酸、多聚糖以及微生物代谢产物等大分子量有机物，为微生物的滋生提供了有利的条件；同时，在膜的微孔内聚集着一些小分子量有机物，为微生物的成长提供营养物质，从而滋生了大量的微生物，并形成一层生物膜，造成膜的不可逆堵塞，使滤膜通量下降，形成膜污染。

1.3.3 纳滤膜的污染问题

纳滤膜介于有孔膜和无孔膜之间，浓差极化、膜面吸附和粒子沉积作用均是导致其污染的因素。此外，纳滤膜通常是荷电膜，溶质与膜面之间的静电效应会对纳滤过程的污染产生影响。纳滤膜污染可分为有机物污染、无机物污染、胶体颗粒物污染以及生物污染。膜污染可以通过清洗、改变物料性质、改变操作方式、膜面改性等方式进行控制。纳滤膜污染过程的影响因素主要有：操作条件(包括操作压力、供料速率及湍流程度)，膜类型(包括膜材料、膜表面性能和粗糙度、孔径大小和分布及膜结构)，供料性能(包括溶质和溶剂的性质、浓度)以及预处理方法(如过滤、氧化等)等。

1.3.4 电渗析膜、反渗透膜的污染问题

1. 电渗析膜的污染问题

电渗析装置主要由阴阳离子交换膜、电极和夹紧装置组成。在外加电场作用下，水中离子在溶液中进行定向移动，借助于离子交换膜的选择透过性，实现溶液的浓缩、淡化和提纯。电渗析装置在运行一段时间之后，离子交换膜的表面或内部会出现堵塞，引起膜电阻增大，致使隔室水流阻力升高，从而影响交换容量和脱盐率。膜污染达到一定程度时，装置不能正常运行。

电渗析过程产生膜污染有以下几点原因：

(1) 膜性质。电渗析过程中膜污染程度和污染机理与膜的电化学性质及物理性质有关，如膜的电阻、亲水性、离子交换容量和 Zeta 电位。此外，膜面光滑则不易被污染。

(2) 料液成分。料液中的污染物堆积于膜表面，恶化了膜的性能，引起迁移量下降和电阻增加。

(3) 电渗析操作条件。需严格控制操作电流密度，使整个电渗析过程在低于极限电流密度下运行。流量温度对极限电流密度也有影响，因此要综合考虑，选择适宜的操作条件。

2. 反渗透膜的污染问题

反渗透膜的污染通常指系统进水中所含的悬浮物、胶体、有机物、微生物及其他颗粒对反渗透膜元件产生的表面附着、沉积污染，或水中化学离子在膜元件表面因浓差极化等因素造成的离子积大于溶度积产生的化学垢析出现象。

由于污染程度不同，反渗透膜污染可分为轻度污染和重度污染。实践发现，反渗透膜受到轻度污染后，系统运行所受到的影响并不明显，对生产的危害也不是很大，一般采取在线清洗或对污染物进行清除。重度污染会带来回收率下降、水耗增加、水处理药剂浪费严重、水电耗明显增加、反渗透膜及装置寿命大幅度缩短等问题。

1.3.5 其他膜分离过程的污染问题

在正渗透分离过程中，用于分离的驱动力主要为正渗透膜两侧的汲取液和原料液之间的渗透压差，使水从原料液(较低渗透压)一侧自发传递到汲取液(较高渗透压)。不同于传统的靠压力驱动的膜分离技术，正渗透污染多为可逆污染，因而清洗效率高。与其他的压力驱动膜分离技术相比，正渗透几乎没有外加压力，较低的膜污染是其重要特性。

影响正渗透膜污染的因素主要包括以下几个方面：膜的材质(亲水性或疏水性、表面特征、孔隙率)，溶液组成(浓度、pH、离子强度)，水力条件(膜的朝向、错流速度、错流方向、初始水通量)及环境条件(温度)等。

正渗透的膜污染主要归因于汲取溶质返混引起的增强型滤饼渗透压(cake-enhanced osmotic pressure，CEOP)效应。汲取溶质的返混会提高增强型滤饼渗透压效应，加剧膜污染。工作温度对将正渗透应用于浓盐水脱盐处理中的结垢和清洗等有不利影响。正渗透的运行模式也会影响膜污染。

总体看来，微滤、超滤、纳滤、电渗析、反渗透膜分离技术在使用过程中，受污染的形式(沉淀污染、吸附污染、生物污染、形成凝胶层、形成滤饼等)及影响因素(膜面性质、膜孔性质、介质浓度、水力条件等)基本类似。这些类似的特点对膜污染问题的研究及研究结果的应用提供了便利。

1.4 水中颗粒物的截留机理分析

1.4.1 悬浮颗粒的机械截留机理分析

一般认为，颗粒物质的去除主要是通过膜的物理筛分作用完成的。1936年，Ferry进行了机械筛滤作用的定量分析，将膜孔理想化为圆柱体，悬浮颗粒理想化为球体，其模型假设如图1-1所示(许振良，2001)。

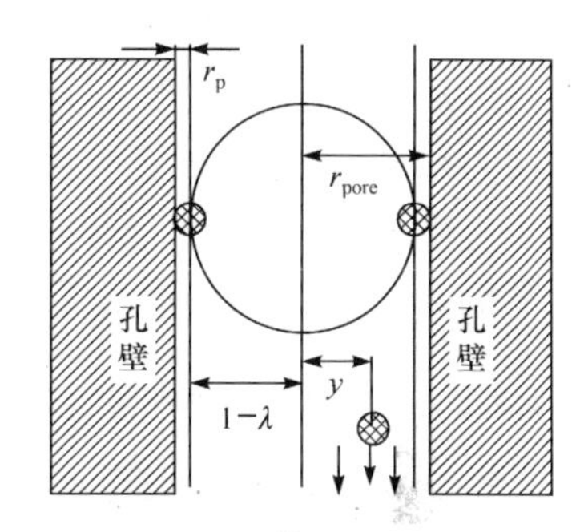

图1-1 固体颗粒物通过膜孔的模型假设

图1-1中，r_p为颗粒物半径，m；r_{pore}为膜孔半径，m；$\lambda = \frac{r_p}{r_{pore}}$为无量纲半径。设$p$为粒径为$r_p$的颗粒物通过膜孔的颗粒分数，膜对颗粒的截留率为$1-p$，$p$可以通过式(1-1)计算：

$$p = \begin{cases} (1-\lambda)^2\left[2-(1-\lambda)^2\right]G, & \lambda \leqslant 1 \\ 1, & \lambda > 1 \end{cases} \tag{1-1}$$

式中，G为流体通过膜孔时引起的颗粒速度滞后系数。一般情况下，G的经验表达式为(许振良，2001)

$$G = \exp\left(-0.7146\lambda^2\right) \tag{1-2}$$

截留率$1-p$为局部截留率，即

$$R_{local} = 1-\left(\frac{c_p}{c_{wall}}\right) \tag{1-3}$$

式中，R_{local}为局部截留率；c_p为渗透液侧颗粒物浓度，mg/L；c_{wall}为膜表面处的颗粒物浓度，mg/L。

如果通过表观截留率来计算通过膜孔的颗粒分数，则需要考虑浓差极化因子的影响。

$$R_{apparent} = 1-\left(\frac{c_p}{c_{bulk}}\right) = 1-(1-R_{local})\text{PF} \tag{1-4}$$

式中，$R_{apparent}$为表观截留率；c_{bulk}为主体溶液中颗粒物的浓度，mg/L；PF为浓差极化因子，PF= c_{wall}/c_{bulk}。

对该模型进一步修正，需要考虑颗粒与膜表面的静电作用力、膜孔附近的色散力，以及颗粒在膜孔内的运动受到的扩散作用和对流作用对颗粒产生的拖曳力。为了简化起见，通常用颗粒水力半径来代替其物理半径。对于大分子而言，分子量M与颗粒的水力半径a_p有着极为密切的关系，常用的表达式为

$$a_p = Z_1(M)^{Z_2} \tag{1-5}$$

式中，Z_1为经验常数；Z_2为反映分子几何尺寸及形状的参数。

从理论上讲，当分子的形状为理想的球体时，Z_2取最小值 1/3；当分子形状为线状时，Z_2取最大值 1。

由式(1-5)可知，对于分子量越大的有机物，颗粒的水力半径越大，其去除率也越大。这一点得到了大量的实验证明。

1.4.2　膜分离过程中变形体颗粒的截留受力分析

刚性固体不能进入比自身小的膜孔内，但对于变形体，如油滴，如果外界施加的压力足够大，使其能够克服表面张力时，则有可能从膜孔中挤出来，如图 1-2 所示(张国俊等，2001)。所需外界压力可以通过计算得到。

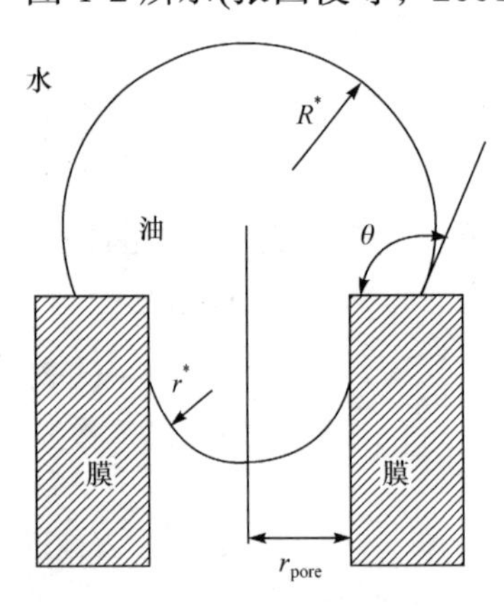

图 1-2　油滴通过膜孔示意图

假定液体不可压缩，在膜孔内的滞后现象可以忽略的情况下，Young-Laplace 方程给出了膜孔所需的临界压力P_c(Stephenson et al.，1999)：

$$P_c = \left(\frac{2\gamma_{o/w}}{r^*}\right) - \left(\frac{2\gamma_{o/w}}{R^*}\right) \tag{1-6}$$

式中，$\gamma_{o/w}$为油水表面张力，N/m；R^*为油滴在孔外面的曲率半径，m；r^*为油滴在孔内的曲率半径，m。$r^* = r_{pore} / \cos\theta$，$\theta$为经过油相测得的接触角。

式(1-6)可以用来估算膜用于油类等乳浊液时，油被挤出来所需的最大压力。

1.4.3　分离膜面的滤饼过滤机理分析

由于膜本身的截留机理，部分被截留在膜表面的颗粒物质形成滤饼。滤饼可以看作为多孔物质，也有机械截留作用(Tambo et al.，1978)。实际上，动态膜过滤就是基于这一原理发展出来的。

动态膜是料液中污染物沉积于多孔支撑层上形成的，膜上的物料存在着周期性的去除和重复沉积。悬浮物料或随着渗透水传向滤饼，在滤饼表面通过筛分作用被去除，或被以前沉积的颗粒形成的压缩层去除，或因重力和布朗运动

将颗粒带到形成滤饼的不动颗粒表面而被去除。

虽然在描述均匀分布悬浮液的滤饼形成和滤饼对颗粒的去除方面取得了一定的进展，但是在实际中，悬浮液和滤饼一般是由许多大小不同的颗粒组成的，对其进行数学描述很复杂。

1.5　水处理膜污染模型分析

描述膜污染过程的数学表达式称为膜污染模型，通常分为机理模型、经验模型和半经验模型等。

膜污染是多种因素造成的一种复杂的物理化学过程，膜过滤模型是深入理解膜过滤截留溶质机理以及优化工艺的有效方法和工具。从建模方法看，现有的机理模型仍然以经典的浓差极化、阻碍传输、膜孔堵塞等理论为基础，并引入了溶质分子大小及形状、膜孔结构、膜污染等因素对溶质截留效果的影响；而经验模型则以多元回归方法为主，也有用人工神经网络方法建立模型的；半经验模型是指人们为描述具体过程，依据一定的理论基础所建立的，但需经实验检验和修正，并确定具参数的模型。

1.5.1　机理模型

1. 浓差极化模型

浓差极化现象是指在膜分离过程中，水透过膜而使膜表面的溶质浓度增加，在浓度梯度作用下，溶质与水以相反方向向本体溶液扩散，达到平衡状态时，膜表面形成溶质浓度分布边界层。它对水的透过起着阻碍作用，不论是压力驱动型膜分离过程还是渗透驱动型膜分离过程，浓差极化现象都是普遍存在且不可避免的问题(黄韵清等，2015)。

在超/微滤过程中，溶质的迁移分两个阶段进行，第一个阶段为溶质在溶液中向膜面的迁移,第二个阶段为溶质在超/微滤膜内部的迁移。在第一个阶段中，溶质在膜表面不断积累，形成一层浓度高于主体溶液浓度的边界层。在边界层内，溶质在浓度梯度的推动作用下又向主体溶液扩散，形成浓差极化现象。浓差极化越严重，超/微滤膜表面溶质浓度越高，透过液中溶质的浓度也越高，因此超/微滤对溶质的截留率越低(黄韵清等，2015)。

基于浓差极化现象的模型主要反映浓差极化层内的对流迁移和反向扩散过程，并结合溶质在膜内的迁移而模拟超/微滤对溶质的截留过程。

被截留的溶质在膜表面处累积，其浓度会逐渐提高，经过一定时间后，这种浓度累积导致的溶质向原料主体的反向扩散流动会达到稳态，这时溶质流向膜表面的通量等于溶质通过膜的通量与从膜表面扩散回主体的通量之和。图 1-3 是浓差极化引起的稳态条件下边界层的浓度分布示意图(Marcel，1999)。

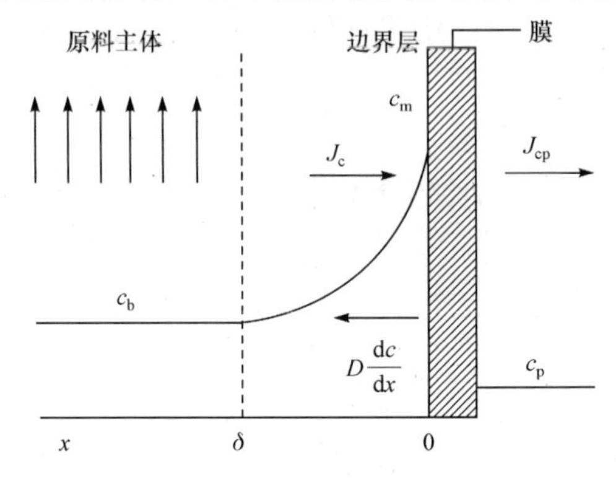

图 1-3 浓差极化引起的稳态条件下边界层的浓度分布示意图(Marcel，1999)

如果受原料流动的影响，在距离膜表面δ处，原料仍是完全混合的，其浓度为c_b；在面向膜表面附近形成边界层，溶质浓度逐渐增大，在膜表面处达最大值c_m；溶质流向膜的对流通量用J_c表示。溶质未被膜完全截留，膜的溶质通量用J_{cp}表示。累积在膜表面处的溶质会产生流向原料主体的扩散通量，D为溶质扩散系数。当溶质流向膜的通量等于渗透通量与反向扩散通量之和时，则达到稳态：

$$J_c + D\frac{dc}{dx} = J_{cp} \tag{1-7}$$

以x由$0\to\delta$，溶质浓度$c_m \to c_b$为边界条件，将式(1-7)积分，则

$$\ln\frac{c_m - c_p}{c_b - c_p} = \frac{J\delta}{D} \tag{1-8}$$

或

$$\frac{c_m - c_p}{c_b - c_p} = \exp\frac{J\delta}{D} \tag{1-9}$$

式中，J是过滤通量，$L/(m^2 \cdot h)$。

扩散系数D与边界层厚度δ之比称为传质系数(k)，即

$$k = \frac{D}{\delta} \tag{1-10}$$

渗透液的浓度为c_p，则膜的截留率为

$$R_{int} = 1 - \frac{c_p}{c_m} \tag{1-11}$$

式(1-9)变成

$$\frac{c_m}{c_b}=\frac{\exp\frac{J}{k}}{R_{int}+(1-R_{int})\exp\frac{J}{k}} \tag{1-12}$$

式中，c_m/c_b 称为浓差极化模数。随着通量 J 增大，截留率 R_{int} 增加以及传质系数 k 减小，表面处浓度 c_m 增大，浓差极化模数也增大。

当溶质被膜完全截留时，$c_p=0$，则 $R_{int}=1.0$，式(1-9)变为

$$\frac{c_m}{c_b}=\exp\frac{J}{k} \tag{1-13}$$

式(1-13)是浓差极化的基本方程，表明了与浓差极化有关的两个参数为通量 J 和传质系数 k，通量 J 决定于膜的性质，而传质系数 k 则与流体力学条件有关。

在微滤和超滤过程中浓差极化的影响非常严重，因为这些过程中通量 J 较高以及大分子溶质、小颗粒、胶体及乳液等的扩散系数很低而使传质系数 k 很小。大分子的扩散系数数量级为 10^{-11}～$10^{-10}m^2/s$ 或者更低。但是，在浓差极化的膜通量变化分析过程中，并未考虑膜污染的影响。

2. 凝胶层模型

超/微滤过程中，膜通量相对较大，大分子的扩散系数低，截留率高，加剧了浓差极化。膜表面溶质的浓度将达到一个最大浓度，这个浓度称为凝胶浓度 c_g。凝胶浓度取决于溶质分子的大小、形状和化学结构及溶剂化程度，但与主体浓度无关。浓差极化和凝胶层形成示意图见图 1-4 (Marcel，1999)。图 1-4 中，R_g、R_m 分别为凝胶层和膜的阻力，m^{-1}；ΔP 为跨膜压差，Pa。

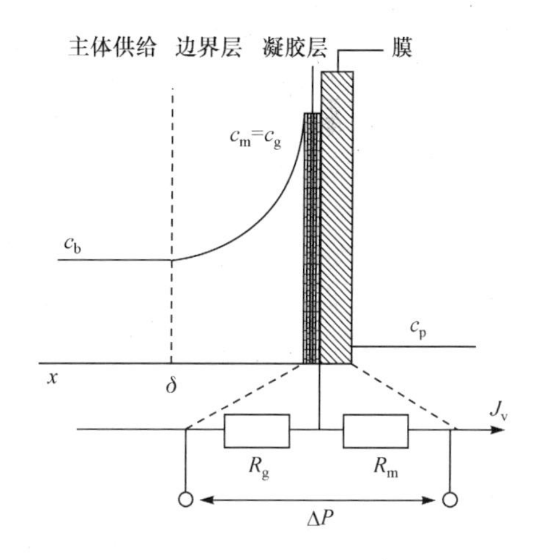

图 1-4 浓差极化和凝胶层形成示意图(Marcel，1999)

凝胶的形成可以是可逆的，也可以是不可逆的。不可逆凝胶很难除去，故应注意尽可能避免发生这种情况。

利用凝胶层模型可以描述极限通量(J_∞)的发生。假设溶质完全被膜截留，则溶剂通过膜的通量随压力提高而增加，

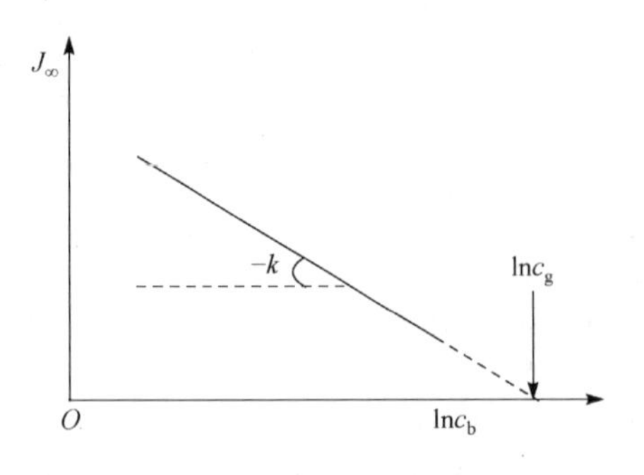

图 1-5　极限通量与原料液主体浓度对数值之间的关系(Marcel，1999)

直到达到对应于凝胶浓度 c_g 的临界浓度。当压力进一步增加时，溶质在膜表面浓度不能进一步增加，凝胶层会越来越厚或紧密。凝胶层对溶剂传递的阻力 R_g 增大，使得凝胶层成为制约通量的因素。在极限通量区域，压力增加使得凝胶层阻力增大，总的阻力可以用凝胶层阻力 R_g 和膜的阻力 R_m 来表示(图 1-5)。

对凝胶层，其极限通量 J_∞ 表示为

$$J_\infty = \frac{\Delta P}{\eta(R_m + R_g)} = k \ln \frac{c_g}{c_b} \tag{1-14}$$

式(1-14)表明，如果以 J_∞ 对 $\ln c_b$ 作图，可得一条斜率为 $-k$ 的直线(图 1-5)。

假设在凝胶层内凝胶浓度不变，所得直线在横坐标的截距($J_\infty = 0$)为 $\ln c_g$，可以看出过程的极限通量与体系的主体浓度 c_b 有关，并且 J_∞ 与 $\ln c_b$ 成直线关系，其比例系数为 D/δ。通过凝胶层模型可对浓差极化理论和超/微滤极限通量进行合理分析。

3. 滤饼层模型

超/微滤有两种操作方式：一种是死端式过滤，另一种是错流式过滤(图 1-6)。在死端式过滤条件下，料液全部通过膜面，回收率为 100%；在错流式过滤条件下，料液一部分垂直通过膜面，另一部分与膜平行溢流排走，回收率小于 100%。错流式过滤会在膜的表面产生剪切力，从而可使沉积在膜表面的颗粒扩散返回主流体，使滤饼层不会无限增厚而保持一个相对较薄的水平。在滤饼层达到稳定后，膜通量会在一定时间内保持在相对较高的水平。

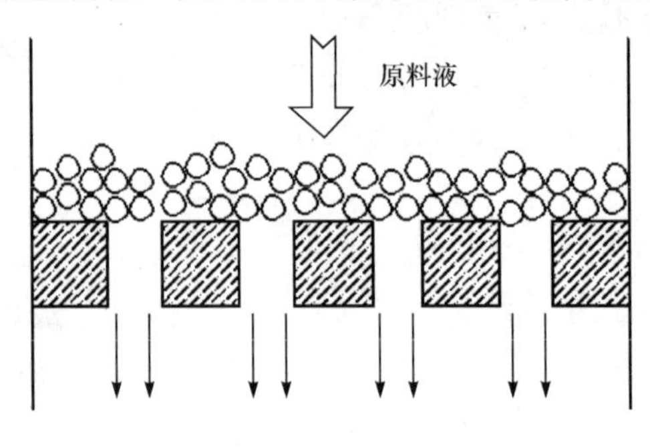

(a) 死端式过滤

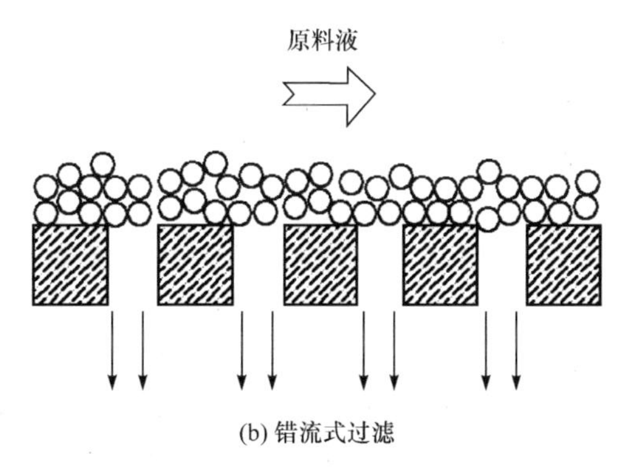

(b) 错流式过滤

图 1-6　超/微滤过滤的两种操作方式

总之，在料液与膜刚刚接触时，粒径小于膜孔的粒子会大量进入清洁的膜孔中，这个阶段内部污染占优势，而粒径较大的粒子被截留在膜表面，形成疏松多孔的滤饼层，起到改善膜的过滤性能的作用。在之后的过滤过程中，滤饼层阻力成为膜阻力中最主要的组成部分。

滤饼层在刚形成时疏松多孔，小粒子能够穿过滤饼层并进入膜孔内部，膜外部污染逐渐占据优势。随着膜过滤过程的进行，滤饼层厚度不断增加，更小的粒子进入已形成的滤饼层中，导致滤饼层空隙率逐渐减小，滤饼层密度逐渐增大，最终形成凝胶层(Lee et al.，2002；Tansel et al.，2000)。

在任何时候滤饼层厚度的变化都将与被携带到膜表面的物料的量成正比。因此，滤饼层阻力 R_c 可表示为滤饼层特征阻力和滤饼层厚度的乘积。由同种颗粒形成的不可压缩滤饼层阻力可以通过 Kozney 方程计算：

$$R_c = \frac{180(1-\varepsilon_c)^2}{d_p^2 \varepsilon_c^2} \tag{1-15}$$

式中，ε_c 为滤饼的孔隙率；d_p 为沉积颗粒的直径。

由式(1-15)可知，形成滤饼颗粒的粒径减小时，沉积的滤饼对渗透过程的阻力会上升；形成滤饼的颗粒粒径比膜的有效孔径大时，滤饼的阻力可能比超/微滤膜或微滤膜本身的阻力小。

用超/微滤膜处理水和废水时，大多数情况下，滤饼阻力对渗透通量的影响非常显著。通过滤饼可以把比自身组成颗粒更小的颗粒去除，起到过滤层的作用。随着时间的推移，滤饼有可能被压实。

就膜孔堵塞和吸附污染而言，形成的滤饼会导致渗透阻力的增加，甚至超过膜本身对渗透过程的阻力。沉积于膜上的滤饼或凝胶层实际上是一层渗透水必须通过的膜。

在死端式过滤条件下，滤饼层厚度随过滤时间的延长而增大，滤饼层阻力随之增大。然而，在错流式过滤条件下，当滤饼层厚度增加时，沉积物料的剪切诱导反向传递将以更大的速度进行。滤饼层厚度随时间变化的微分方程式可表示为

$$\frac{\partial \delta_c}{\partial t} = k_1 J - k_2 \delta_c \tag{1-16}$$

式中，δ_c为滤饼层厚度；k_1为传递到膜形成滤饼层时物料的累积速度常数，其值随进料水浓度的增加而增大；k_2表示从膜表面除去物料的反向传递机理的作用，随错流速度的增加而增大。由于惯性作用的影响，错流速度增加也会使k_1减小。膜组件中颗粒轨迹的理论表明，k_1将随颗粒直径的增加而减小。

对式(1-16)进行积分：

$$\delta_c = \frac{k_1 J t}{1 + k_2 t} \tag{1-17}$$

假设膜本身固有的阻力和膜孔阻力可忽略不计，Darcy 公式$J = \frac{\Delta P}{\mu R}$可改写为

$$J = \frac{\Delta P}{\mu R_c} \tag{1-18}$$

又有

$$R_c = r \delta_c \tag{1-19}$$

式中，r为滤饼比阻，m/kg；μ为液体黏滞系数，Pa · s。

将式(1-17)、式(1-19)代入式(1-18)，得

$$J^2 = \frac{\Delta P}{k_1 \mu r t} + \frac{k_2 \Delta P}{k_1 \mu r} \tag{1-20}$$

令$\alpha = \frac{1}{k_1 \mu r}$，$b = \frac{k_2}{k_1 \mu r}$，代入式(1-20)得

$$J^2 = \frac{\alpha \Delta P}{t} + b \Delta P \tag{1-21}$$

$$\Delta P = \frac{J^2 t}{a + bt} \tag{1-22}$$

式(1-21)或式(1-22)即为在错流式过滤条件下的滤饼层阻力模型。

4. 孔传递模型

微滤和超滤中用的多孔膜孔径为 2～10000nm，其几何形状是多种多样的。图 1-7 是多孔膜的几种典型孔结构形状(王学松，2005)。在微滤膜中这种结构

贯穿了整个膜厚，因此微滤膜的传质阻力由全膜厚决定。超滤膜通常是非对称的，具有这些孔结构的表皮层起着分离作用，同时也决定了传质阻力。由于表皮层很薄，传质阻力层的厚度在 1μm 以下。

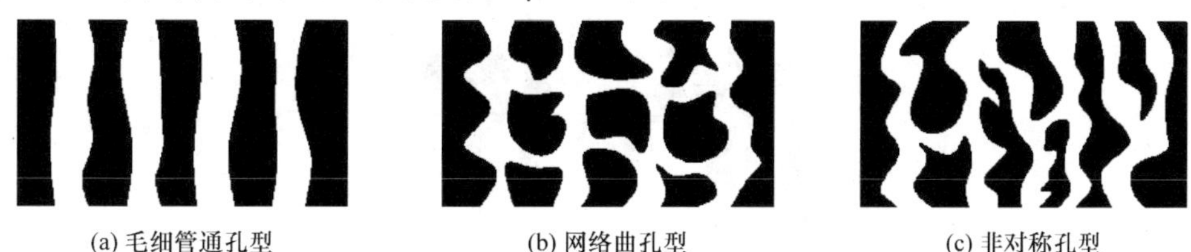

(a) 毛细管通孔型　(b) 网络曲孔型　(c) 非对称孔型

图 1-7 多孔膜的几种典型孔结构形状

最简单的孔结构如图 1-7(a)所示，其孔为贯穿整个膜厚的圆柱体，每个圆柱体孔的长度等于或近似等于膜厚，通过这类膜孔的体积通量用 Hagen-Poiseuille 公式表示。假定所有膜孔径都为 r，则通量为

$$J=\frac{\varepsilon r^2}{8\mu\tau}\frac{\Delta P}{\Delta X} \tag{1-23}$$

式中，ΔX 为膜厚，m；ΔP 为跨膜压差，Pa；ε 为膜表面的孔隙率，即孔面积与膜面积之比，若孔数为 n_{p}，则 $\varepsilon=n_{\mathrm{p}}\pi r^2/A_{\mathrm{m}}$，$A_{\mathrm{m}}$ 为膜面积，m^2；τ 为孔的曲折度(对圆柱形的垂直孔，$\tau=1$)。

Hagen-Poiseuille 公式较好地描述了某些多孔膜(孔为圆柱形)的传质过程，表明溶剂透过膜的通量正比于推动力 ΔP，反比于黏度 μ。但实际上具有这种理想圆柱形孔结构的膜是极少数。

图 1-7(b)的膜结构存在于有机及无机烧结膜以及某些表皮层具有类似结构的相转化膜中。这类多孔膜的传质可用 Kozeny-Carman 方程表示：

$$J=\frac{\varepsilon^3}{K\mu S^2(1-\varepsilon)^2}\frac{\Delta P}{\Delta X} \tag{1-24}$$

式中，S 为孔的比表面积(即孔表面积与体积之比)，$\mathrm{m}^2/\mathrm{m}^3$；$K$ 为 Kozeny-Carman 常数，决定于孔的形状和曲折度，对圆柱体孔，K 为 2。

相转化膜常具有海绵状结构，如图 1-7(c)所示，其体积通量也可以用式(1-23)或式(1-24)表示。

5. Hermia 模型

基于污染物粒径范围与膜孔径之间的差异，Hermia(1982)将过滤过程进行假设并归纳总结，提出了经典模型，如式(1-25)所示。各污染机制下膜堵塞模型示意图见图 1-8。

$$\frac{d^2t}{dv^2}=k\left(\frac{dt}{dv}\right)^n \tag{1-25}$$

式中，k 为模型参数，单位取决于 n；n 为决定膜污染类型的模型常数。

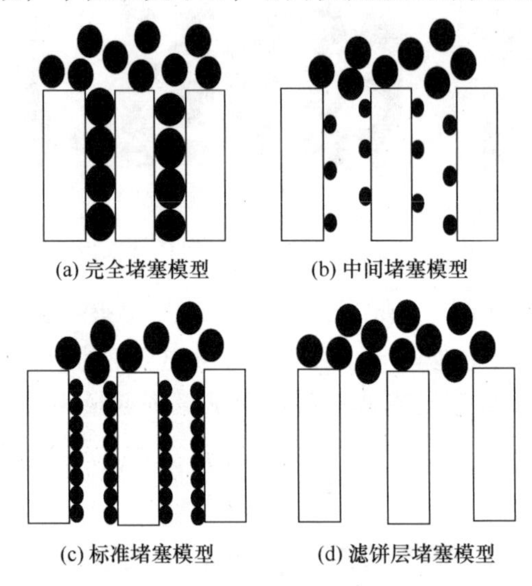

图 1-8　各污染机制下膜堵塞模型示意图

经典模型一般只适用于描述膜污染的特定阶段。n 分别取为 2、1、1.5 和 0，对应图 1-8 中 4 种不同的污染模型。

(1) 当 n=2 时，反映完全堵塞模型通量与时间的关系：

$$\ln J_v=\ln J_0-K_c t \tag{1-26}$$

$$K_c=K_A J_0 \tag{1-27}$$

式中，J_0 为初始通量，$L/(m^2 \cdot h)$；K_c 为完全堵塞模型参数，s^{-1}；K_A 为单位体积物料通过膜造成的膜孔径堵塞程度，m^{-1}。

(2) 当 n=1 时，反映中间堵塞模型通量与时间的关系：

$$\frac{1}{J_v}=\frac{1}{J_0}+K_i t \tag{1-28}$$

式中，K_i 为单位体积物料通过膜造成的膜孔堵塞程度，m^{-1}。

(3) 当 n=1.5 时，反映标准堵塞模型通量与时间的关系：

$$\frac{1}{J_v^{1/2}}=\frac{1}{J_0^{1/2}}+K_s t \tag{1-29}$$

$$K_s=2\frac{K_B}{A_0}AJ_0^{1/2} \tag{1-30}$$

式中，K_s为标准堵塞模型参数，$m^{-1/2}/s^{1/2}$；K_B为透过单位体积料液膜孔堵塞程度，m^{-1}；A_0为膜孔面积，m^2。

(4) 当$n=0$时，反映滤饼层堵塞模型通量与时间的关系：

$$\frac{1}{J_v^{\ 2}} = \frac{1}{J_0^{\ 2}} + K_{gt}t \tag{1-31}$$

$$K_{gt} = \frac{2R_c K_D}{J_0 R_m} \tag{1-32}$$

式中，R_c为滤饼层膜阻，m^{-1}；R_m为膜自身阻力，m^{-1}；K_D为过滤单位体积物料形成的滤饼层阻力，m^{-1}；K_{gt}为滤饼层模型参数，s/m^2。

6. Field 模型

Hermia 经典模型主要描述了死端式过滤过程中的 4 种污染机制。在恒定压力条件下，对式(1-25)用$\frac{dV}{dt} = AJ$变换，得到 Hermia 膜过滤模型的另一种表达式：

$$\frac{d^2t}{dv^2} = -\frac{1}{A^2J^3}\frac{dJ}{dt} \tag{1-33}$$

式(1-33)还可以写成物理意义更为明确的形式：

$$-\frac{1}{A^2J^3}\frac{dJ}{dt} = k\left(\frac{1}{AJ}\right)^n \tag{1-34}$$

Hermia 模型在用于死端式过滤过程完全堵塞模型时$n=2$，因此式(1-34)可简化为

$$-\frac{dJ}{dt} = kJ \tag{1-35}$$

Field(1995)根据 Hermia 模型只适用于死端式过滤操作方式下，把极限通量引入 Hermia 模型，推导出适用于错流式过滤的实用性较强的 Field 模型，是对膜过滤机理的发展。

Field 等(1995)认为在膜过滤过程启动时存在某种最低通量值，并将之定义为极限通量。当膜在低于极限通量运行时不会发生通量随时间的衰减，而高于该值运行时，将会发生膜污染导致通量下降。极限通量的大小与水力条件及其他因素有关。适用于错流式过滤的 4 种改进模型表达式如下。

(1) 完全堵塞过滤模型($n=2$)：

$$J = (J_0 - j_c)\exp\left[-(6J_0/\varepsilon_0)t\right] + j_c \tag{1-36}$$

式中，j_c 为完全堵塞过滤模型极限通量，L/(m^2 · h)；J_0 为过滤初始通量，L/(m^2 · h)。

(2) 滤饼层堵塞过滤模型(n=0)：

$$Gt = \frac{1}{j_s^2}\left[\ln\left(\frac{J}{J_0}\cdot\frac{J_0 - j_s}{J - j_s}\right) - j_s\left(\frac{1}{J} - \frac{1}{J_0}\right)\right] \tag{1-37}$$

式中，$G = \dfrac{\alpha k_c}{J_0 R_0}$，$\alpha$ 为单位滤饼质量的阻力，m/kg，k_c 为滤饼产生系数，kg/m^3，R_0 为过滤开始时的膜阻力，m^{-1}；j_s 为滤饼层堵塞过滤模型极限通量，L/(m^2 · h)。

(3) 中间堵塞过滤模型(n=1)：

$$\sigma t = \frac{1}{j_i}\ln\left(\frac{J_0 - j_i}{J_0}\cdot\frac{J}{J - j_i}\right) \tag{1-38}$$

式中，j_i 为中间阻塞过滤模型的极限通量，L/(m^2 · h)；σ 为过滤单位体积水样所造成的堵孔面积，m^{-1}。

(4) 标准堵塞过滤模型(n=1.5)：

$$\frac{1}{J^{0.5}} = \frac{1}{J_0^{0.5}} - (K_s' /2)A^{0.5}t \tag{1-39}$$

式中，K_s' 相当于式(1-34)中 n=1.5 时 k 的值。

结合式(1-36)～式(1-39)不同过滤模型的表达式，Field 模型可以统一表示为

$$-\frac{dJ}{dt} = k(J - J^*)J^{2-n} \tag{1-40}$$

式中，k 为随 n 而改变的常数；J^* 为不同过滤模型时的极限通量，L/(m^2 · h)。n=0 时，为滤饼层堵塞过滤模型；n=1 时，为中间堵塞过滤模型；n=1.5 时，为标准堵塞过滤模型；n=2 时，为完全堵塞过滤模型。

7. Thomas 模型

典型的膜污染过程依次为初期污染、凝胶层污染和滤饼层污染。初期污染过程涉及污染物在膜外表面及膜孔内部的沉积，其中膜孔内部的沉积又称为内部膜污染，对后续污染的发展有重要影响。作为膜孔内污染物沉积的重要机制，吸附不仅影响初期污染的程度和快慢，还将影响长期运行中物理清洗对膜过滤能力的可恢复性。

污染物在膜孔内的吸附发生于膜过滤过程中，涵盖了吸附达到平衡之前的过程，属动态吸附，而动态吸附过程可通过吸附柱的穿透曲线(即滤出液中污染物浓度随滤出液体积或过滤时间的变化曲线)来反映。

针对膜孔内的吸附沉积，一些研究者采用吸附动力学模型来描述过滤进程与污染物吸附量之间的关系。肖康(2011)进一步引入 Thomas 动态吸附模型，将 Langmuir 吸附动力学和线性吸附动力学与膜过滤过程结合，通过拟合污染物的穿透曲线(即过滤出水污染物浓度随过滤进程的变化曲线)，定量表征膜-污染物的吸附速率常数和平衡常数。该吸附模型从原理上对过滤进程、污染物吸附量、过滤阻力之间的本质关系进行了解析。

Thomas 模型有 4 种表达式，由繁到简依次为：Langmuir 完整式、线性完整式、线性简化式及 Langmuir 简化式。其中 Langmuir 简化式得到最为广泛的应用，Langmuir 完整式最为精确，但由于较复杂，应用较少。

1.5.2 经验模型

1. 多元回归模型

多元回归分析是一种评估多个自变量和一个因变量之间定量关系的方法。例如，超/微滤对溶质的截留过程受到膜材料性质、溶质性质、溶液环境和操作条件等因素的影响(黄韵清等，2015)。利用多元回归模型，能够建立这些影响因素与截留效果之间的定量关系，从而为超/微滤工艺的管理调控提供基础。

Lin 等(2008)、Pavanasam 等(2011)、Ruby-Figueroa 等(2012)和 Alventosa-Delara 等(2012)基于响应面法，建立了二次多项式回归模型，研究超/微滤过程中初始浓度、跨膜压差、离子强度、流量、温度、pH 等因素对溶质截留效果的影响。Zularisam 等(2009)利用响应面法研究了“混凝-超/微滤”组合工艺中水质和运行参数对天然有机物去除效率的影响，并提出了优化的工艺运行参数。

响应面法是一种通过一系列确定性实验，采用回归方程来拟合影响因素与响应值之间函数关系的方法。该方法能够评估影响因素之间的交互作用，并为多变量系统的优化运行提供基础。响应面法模型通常可以表示为(Chakraborty et al.，2014)

$$Y=\beta_0+\sum_{i=1}^{n}\beta_i x_i+\sum_{i=1}^{n}\beta_{ii}x_i^2+\sum_{i<j}^{n}\beta_{ij}x_i x_j \tag{1-41}$$

式中，Y 代表预测的响应(膜的性能指标)；x_i 和 x_j 代表影响因素；β_0、β_i、β_{ii} 和 β_{ij} 是回归系数，β_0 是常数系数，β_i 是线性系数，β_{ii} 是二次系数，β_{ij} 是相互作用系数；n 是影响因素总数。

2. 人工神经网络模型

人工神经网络(artificial neural network，ANN)简称神经网络，是由人工建立的，以有向图为拓扑结构的动态系统，是由大量的简单处理单元(也称节点或神经元)交互连接而形成的复杂网络系统。它模仿了人脑的功能和结构，具有良好的自学习性、自适应性、自组织性及高度的非线性映射能力，能够用于解决线性和非线性的多变量问题(胡守仁等，1993)。典型的神经网络结构示意图如图 1-9 所示，由输入层、隐含层(可以是多层)以及输出层构成。输入层接受外部的输入信号，按照一定的规则转换为输出信号；隐含层为内部处理单元层。

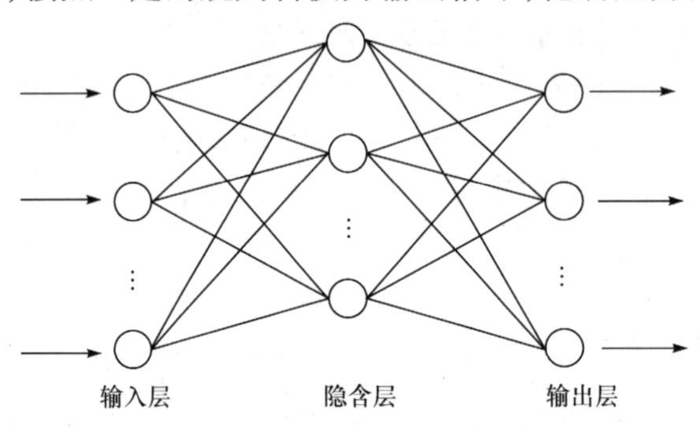

图 1-9　典型的神经网络结构示意图

运用神经网络来预测超/微滤膜通量模型的方法属于经验模型，也可以看作“黑箱”模型。不需要有关过程的机理和理论公式，模型的建立只需要一定量实测的输入和输出数据，通过这些数据来训练和测试所采用的神经网络，可以达到准确预测过程通量的目的(张国俊等，2001；Teodosiu et al.，2000)。

应用经典的数学模型算法难以精确表征膜污染过程的复杂性以及各污染因子之间的相互交叉作用，而神经网络方法以自身的优势一定程度上可以弥补经典数学模型的不足。

神经网络模型首先需要一定数量实测的输入和输出数据来“训练”所采用的神经网络，以得到输入和输出数据间的联系规律，然后由另外一些实测数据来检验所得的规律。

目前提出的人工神经网络模型已有 40 多种，按网络机构分为前馈型和反馈型；按网络性能分为连续型、离散型、随机型和确定型；按学习方式分为无导师型和有导师型；按触突连接的性质分为一阶线性型和高阶非线性型等。前馈型网络是一种单向传播的前向网络，而反馈型网络是一种具有反馈功能的双向传播网络(田宝义，2010)。

3. 膜污染指数模型

膜污染不是某些特定污染物或者特定污染机制造成，而是多种物质和多种污染机制同时发生、同时作用的结果。因此，建立一种普遍适用的膜污染模型用于描述膜污染，具有重要意义。

Huang 等(2008)通过数学推导，建立了针对膜污染特性的膜污染指数(fouling index，FI)模型，能够在一定程度上描述不同规模膜滤过程的膜污染行为，预测膜污染趋势，不同类型的膜污染则根据相应的实验数据计算其污染指数。

恒压过滤模式下，膜污染指数模型表达式为

$$\frac{J_0}{J'}=1+\mathrm{FI}\cdot V \tag{1-42}$$

式中，V 为单位面积上的产水量，L；FI 为膜污染指数，m^2/L，根据通量和产水量计算得出。FI 的物理意义是：如果要获得一定的产水量，当通量恒定时，FI 的大小可以直接决定最终的压头损失；而当跨膜压差恒定时，FI 直接与最终产水量相关。

膜污染指数可以用于表征膜污染速率，即 FI 越小，污染越缓慢；反之，FI 越大，则污染越快。根据式(1-42)，确定了 FI，根据产水量，则可以得知通量的变化。在膜组件运行的各个阶段，通过对膜的表现以及清洗过程数据的监测，可以得到不同的膜污染指数。

根据不同的运行阶段，膜污染指数可以分别定义为总污染指数(total fouling index，TFI)、水力可逆污染指数(reversible fouling index，RFI)、水力不可逆污染指数(hydraulic inreversible fouling index，HIFI)以及化学清洗不可逆污染指数(chemical inreversible fouling index，CIFI)。

1) 总污染指数

当膜过滤一个周期结束且无任何物理或者化学清洗过程时，膜通量与产水量的关系可由式(1-43)确定。

$$\frac{J_0}{J'}=1+\mathrm{TFI}\cdot V \tag{1-43}$$

式中，TFI 为一个运行周期内膜的总污染指数。式(1-43)与式(1-42)有相同的数学意义，但是式(1-43)不区分膜污染是由何种污染物造成的或者污染的机制如何，而是将所有的污染物和污染机制均包含在内，用膜的总污染指数描述污染情况，更加简明扼要。

2) 水力不可逆污染指数

对于包含水洗而无化学清洗的运行周期，通过水洗后膜通量的恢复，确定通量与产水量的关系为

$$\frac{J_0}{J_1}=1+\mathrm{HIFI}\cdot V \tag{1-44}$$

式中，J_1 为水力清洗后的纯水通量；HIFI 为水力不可逆污染指数，表示经过物

理水洗后不能去除的污染。

3) 化学清洗不可逆污染指数

水力清洗后，再经过化学清洗，通过清洗后的数据，则可以得到通量与产水量的关系为

$$\frac{J_0}{J_2} = 1 + \mathrm{CIFI} \cdot V \tag{1-45}$$

式中，J_2为化学清洗后的纯水通量；CIFI 为化学清洗不可逆污染指数，指经过化学清洗后不能去除的污染。

综合以上，可以推出：

$$\mathrm{TFI} = \mathrm{RFI} + \mathrm{HIFI} = \mathrm{RFI} + \mathrm{CIFI} + \mathrm{CRFI} \tag{1-46}$$

式中，RFI 为水力可逆污染指数，通常指物理清洗(水力)可以去除的污染；CRFI 为化学清洗可逆污染指数，为不可逆污染的一部分，可以由化学药剂去除但物理的水力清洗无法去除此部分污染。

同理，在恒流过滤模式下，膜污染指数模型表达式为

$$\frac{\Delta P'}{\Delta P} = 1 + \mathrm{FI} \cdot V \tag{1-47}$$

因此，如果要获得一定的产水量，当通量恒定时，膜污染指数可以直接决定最终的压头损失。通过跨膜压差的变化同样可以得到膜污染指数，且不同膜过滤阶段的污染指数可以通过相应的计算获得。当跨膜压差恒定时，膜污染指数与最终的产水通量相关。

FI 可以作为衡量膜污染程度的一个指标，其优势在于不受膜组件形式和运行模式的限制，可以系统地评价膜污染情况。膜污染指数越大，膜污染越严重。

1.5.3 半经验模型

1. 串联阻力模型

在压力膜的死端式或错流式过滤过程中，当跨膜压差与运行过程中温度保持恒定，忽略渗透压，只考虑浓差极化、滤饼层及膜孔堵塞等因素对膜通量产生的影响时，描述过滤过程中渗透量的模型就是串联阻力模型。

将超/微滤膜过滤阻力分为膜固有阻力 R_m、膜吸附阻力 R_a、表面滤饼阻力 R_c、内部堵塞阻力 R_g 和浓差极化阻力 R_{cp}，这五部分阻力之和被定义为超/微滤过程中的总阻力 R_t。即

$$R_t = R_m + R_a + R_g + R_c + R_{cp} \tag{1-48}$$

图 1-10 表示出了压力驱动膜过程中各种因素单独作用于膜时，引起的传

质阻力，根据 Darcy 公式(Marcel，1999)：

$$J=\frac{\Delta P}{\mu\cdot R} \tag{1-49}$$

式中，J 为膜通量，$L/(m^2\cdot h)$；ΔP 为跨膜压差，Pa；μ 为液体的黏滞系数，Pa·s；R 为膜透水阻力，m^{-1}。

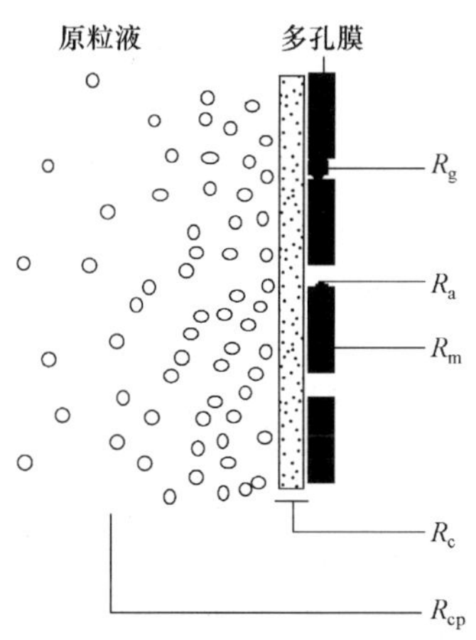

图 1-10 压力驱动膜过程中传质阻力示意图

因此，串联阻力模型可以写成

$$J=\frac{\Delta P}{\mu(R_m+R_c+R_g+R_a+R_{cp})} \tag{1-50}$$

通过以下步骤确定超/微滤膜的各部分阻力(王旭东，2007)：

(1) 用纯水进行透水试验，得出 R_m；

(2) 将膜浸泡在试样中，经过 24h 后，用纯水进行透水试验，得出 R_m+R_a；

(3) 将膜浸泡在试样中，经过 24h 后，用水样进行透水试验，得出 $R_m+R_a+R_c+R_g+R_{cp}$；

(4) 将步骤(3)使用过的膜再次进行纯水透水试验，得出 $R_m+R_a+R_c+R_g$；

(5) 将步骤(4)使用过的膜表面附着物清洗掉后，进行纯水透水试验，得出 $R_m+R_a+R_g$；

(6) 综合上述步骤，分别计算出 R_m、R_a、R_c、R_g、R_{cp}。

该串联阻力模型的优点在于不再区分压差控制区和传质控制区，而用一个统一的方程来联系通量和跨膜压差。

2. 改进的串联阻力模型

在串联阻力模型的基础上，结合活性污泥数学模型，对该模型进行拓展。

将膜通量J与跨膜压差ΔP、过滤阻力联合起来，建立三者之间的关系，得到可用于膜生物反应器优化运行的数学模型(Lee et al.，2002)。

根据活性污泥数学模型(Naganka et al.，1998)，胞外聚合物(extracellular polymeric substances，EPS)对膜污染的影响表现为膜过滤阻力的增加，此时，膜过滤总阻力(R_t)是膜自身阻力R_m与膜表面沉积EPS阻力之和，可知

$$R_t = R_m + m\alpha \tag{1-51}$$

式中，m为膜表面EPS密度，kg/m^2；α为单位EPS产生的比阻，m/kg。

$m\alpha$包含了单位膜面积的累积处理水量、反应器混合液悬浮固体浓度、重要的操作条件(错流流速)的影响及EPS的阻力特性。

膜表面EPS密度m可由式(1-52)得到：

$$m = k_m \frac{V_p X_{TSS}}{A} \tag{1-52}$$

式中，k_m表示错流流速影响系数；V_p表示累积渗透液体积，m^3；X_{TSS}表示膜生物反应器中污泥浓度，kg/m^3；A表示有效膜面积，m^2。

错流流速影响系数k_m随混合液流动形态从层流到湍流在1～0变化，当k_m=1时，膜过滤阻力达到最大值，膜通量最小。

由式(1-49)、式(1-51)及式(1-52)可得

$$J = \frac{\Delta P}{\mu \cdot R_t} = \frac{\Delta P}{\mu \cdot \left(R_m + k_m \frac{V_p X_{TSS}}{A} \alpha \right)} \tag{1-53}$$

式(1-53)包括了膜污染动态因素，对膜通量变化的描述更为详尽。该模型可以很好地预测出水水质及膜污染行为。膜渗透通量与总阻力R_t(主要包括膜自身阻力R_m、膜孔窄化或堵塞阻力R_a、浓差极化阻力R_{cp}及滤饼层阻力R_c之和)成反比，与跨膜压差成正比。

该模型在操作参数优化和膜污染控制方面有一定意义。由模型也可以得到减缓膜污染的途径，包括降低反应器混合液悬浮固体浓度、强化错流流速和通过改善混合液生物相的性状而降低EPS的阻力等。

3. 滤饼层渗透模型

当过滤微粒粒径大于膜孔孔径时，被截留的大分子物质、胶体颗粒等在膜表面沉积形成滤饼层。滤饼层模型假定滤饼层阻力R_c正比于滤液体积V_f，即正比于膜表面沉积颗粒质量(王锦，2002)。

因此，过膜总膜阻为

$$R_{\rm m}=R_{\rm m0}+R_{\rm c}=R_{\rm m0}+\frac{\alpha C_{\rm w}}{A_0}V_{\rm f}=R_{\rm m0}+\alpha C_{\rm w}q \tag{1-54}$$

式中，$R_{\rm m0}$ 为膜本身的阻力，$\rm m^{-1}$；α 为单位质量滤饼层的比阻，m/kg；$C_{\rm w}$ 为料液中的微粒浓度，$\rm kg/m^3$；q 为通过单位膜面积的滤液体积，$\rm m^3/m^2$。

将式(1-54)对 q 求导数，可得

$$\frac{{\rm d}R_{\rm m}}{{\rm d}q}=\alpha C_{\rm w} \tag{1-55}$$

可见，滤饼层过滤膜的总水力阻力随滤液量增长为一常数 $\alpha C_{\rm w}$。

式(1-54)和式(1-55)中将滤饼层比阻 α 假定为一常数，严格地说仅适用于不可压缩的膜过程。实际上，不可压缩的膜，尤其是不可压缩的动态膜是不存在的。因此，具有实际意义的是可压缩体系。有时为了分析问题方便，可将轻微变化的可压缩体系当作不可压缩体系来处理。

在实际过程中，对于可压缩分散颗粒，式(1-54)和式(1-55)中采用的是平均比阻值。通常可压缩滤饼层的比阻与压力有关。对于死端式超滤，滤饼层比阻 α 为

$$\alpha=\alpha' P_{\rm tm}^{s'} \tag{1-56}$$

或

$$\alpha=\alpha''+bP_{\rm tm}^{s''} \tag{1-57}$$

式中，α'、α''、b、s'、s'' 为需经过试验确定的量。如果形成的动态膜是理想可压缩的，则 $s'=s''=1$，此时动态膜阻力的增加与压力升高成正比。如果形成的动态膜是不可压缩的，则 $s'=s''=0$。通常情况下，s' 和 s'' 在 0.1～0.95 波动。

对错流式超滤而言，在存在切向流的情况下，比阻随压力的变化变得更复杂。研究表明，在存在切向流的超滤下，α 在某个临界压力下取得最小值，该临界点以后，α 随压力成正比增加($s'=s''=1$)。

1.6　水处理膜污染模型的指导意义及展望

1.6.1　基于污染物与膜孔径相对尺度特征的膜污染机理

既往膜污染模型中大多认为：膜污染的主要机理与污染物的尺寸密切相关。将膜污染机理分以下三种情况进行讨论(肖康，2011)。

1. 污染物尺寸远大于膜孔径时的膜污染问题

污染物尺寸远大于膜孔径的这类污染物包括悬浮固体颗粒和污泥絮体，主要通过在膜表面形成滤饼层造成膜污染。该类膜污染与两个相反过程密切相关：污染物从混合液主体相向膜表面的正向迁移以及从膜表面向混合液主体相

的反向迁移。反向迁移主要包括布朗运动、剪切致扩散及惯性提升；对于粒径大于 1 μm 的污染物，布朗运动对反向迁移的贡献较小。此外，膜表面(或污染层表面)的污染物颗粒还同时受到过滤曳力的力矩和膜面水力剪切力矩，前者促进污染层的压实，后者则可通过表面迁移机制减轻膜污染(Belfort et al.，1994)。

影响正向迁移和反向迁移的因素包括过滤通量、膜面水力剪切率、污染物粒径及污染物浓度。过滤通量是影响正向迁移的关键因素，过滤曳力与过滤通量直接相关。过滤通量对膜污染的重要性已被广泛证实(魏春海等，2004；Liu et al.，2003；Gui et al.，2003；Wen et al.，1999)。正向的过滤曳力和反向迁移力的平衡衍生出临界过滤通量的概念：过滤通量一旦超过临界值，膜污染将迅速恶化(Gui et al.，2003)。膜面水力剪切率的增加有利于反向迁移和表面迁移(Belfort et al.，1994)。膜面水力剪切可由膜面错流、曝气等方式提供。

Gui 等(2003)发现，膜生物反应器(membrane bioreactor，MBR)中混合液悬浮固体(mixed liquid suspended solids，MLSS)浓度越高，提高曝气强度的抗污染效果越明显。与过滤通量类似，对于膜污染的迅速恶化，曝气强度和错流流速也存在临界值。较大的污染物粒径同时增加正向过滤曳力和反向迁移力(布朗运动除外)，但反向迁移力对粒径更为敏感，说明较大的粒径有利于防止膜污染(Liu et al.，2003；Belfort et al.，1994)。

根据正向过滤曳力和反向迁移力的平衡，同样存在临界粒径的概念。Wu 等(2009)通过对多个 MBR 的混合液的膜污染潜势进行统计分析发现，平均粒径小于 80μm 的污染物的污染潜力明显高于平均粒径大于 80μm 的污染物。

综合来看，对于污染物尺寸远大于膜孔径的情形，膜过滤通量、污染物浓度及混合液黏度与膜污染程度呈正相关关系；错流流速、曝气强度及颗粒粒径与污染程度呈负相关关系。

2. 污染物尺寸与膜孔径相当时的膜污染问题

污染物尺寸与膜孔径相当的这类污染物主要是水中的胶体和溶解性大分子物质，可能参与膜污染的各个阶段，其中膜孔堵塞和凝胶层的形成过程中该类污染物的贡献最为突出。可采用经典的恒压过滤模型或恒流过滤模型对膜孔堵塞阶段和凝胶层阶段进行区分(Hlavacek et al.，1993；Hermia，1982；Hermans et al.，1936)。这些经典模型将膜过滤类型分为完全堵塞过滤、标准堵塞过滤、间接堵塞过滤和滤饼层堵塞过滤，其中前三者可用于描述初期污染阶段膜孔的堵塞，后者则可用于描述死端式过滤模式下凝胶层的发展(Wang et al.，2008)。

Shen 等(2010)发现水中各亲/疏水组分中亲水性物质(hydrophilic substances，HIS)对亲水改性聚偏氟乙烯(polyvinylidene fluoride，PVDF)膜的污染最快，而 HIS 中分子量大于 100000 的部分对污染的贡献尤为显著，主要是因为空间位阻(机械筛分)效应对膜污染的影响盖过了疏水作用的影响。空间位阻效应如图1-11所示。

图1-11 膜对污染物的空间位阻效应示意图

由空间位阻效应造成的膜孔堵塞，也可能具有一定的物理不可逆性。空间位阻效应的必要条件有：污染物尺寸大小与膜孔径大小有交集；污染物能够进入膜孔(Zhao et al.，2010；Huang et al.，2010)。此外，柔性大分子的长链结构或分支结构(如多糖类大分子)以及弯曲、交联、粗细不均的膜孔结构也有利于产生空间位阻效应。然而对于空间位阻效应比较显著的情况，仍然不排除膜和污染物之间的非空间作用(如疏水作用和静电作用)对膜污染的直接贡献以及对后续污染发展过程的影响。

对于凝胶层阶段的污染，凝胶污染物主要来源于上清液中的多糖类物质。作为一种代表性多糖类污染物，海藻酸盐(sodium alginate, SA)常用于凝胶层污染的模拟(Wang et al.，2008)。海藻酸盐与Ca^{2+}共存时可形成典型的高度交联的空间网状凝胶层结构(类似蜂窝状)(Wang et al.，2008)。有研究表明，微滤过程中促成凝胶层形成的最常见硬度离子为Ca^{2+}，最可能的配位基团为羧基或酚羟基(Huang et al.，2010)。

3. 污染物尺寸远小于膜孔径时的膜污染问题

污染物尺寸远小于膜孔径的这类污染物主要是溶解性小分子物质，通过吸附作用在膜孔内或膜表面富集，产生吸附型污染。吸附型污染通过缩小膜孔径直接增加膜过滤阻力，并对后续凝胶层的形成有促进作用(肖康，2011)。

1.6.2 膜污染模型的应用指导分析

前述的机理模型能够在一定程度上解释膜过滤过程的机理，但模型通常较为复杂，参数和假设众多，容易导致模型参数估计困难和应用范围受限等问题，并且现有机理模型通常是针对特定溶质系统建立的。经验模型相对简单且容易使用，对于特定案例能够达到较好的模拟效果，但往往无法深入解释模拟结果，且膜污染等带来的膜特性的变化也会影响模型的准确性。半经验模型指人们设法描述所建立的数学模型，需经实验检验，在理论基础之上加入试验数据对模型进行修正，并确定其模型参数。

实际膜过滤过程中，不同膜与不同过滤料液之间的作用有所不同，因此在实际应用过程中首先应重点分析污染的机理，从而选择适合特定污染过程的数学模型，对运行进行指导。在调研中也发现，现有的膜过滤模型大多建立在实验室数据而非现场数据的基础上，这对于研究膜过滤截留溶质过程的影响因素有一定效果，但降低了模型应用于实际系统时的可靠性。

膜过滤过程的影响因素较多，虽然已经提出不少模型，但由于膜污染的机理非常复杂，无法系统描述膜污染过程，也难实现膜操作参数对膜污染过程影响的准确分析，因而使用范围有限。

因此，在膜过滤机理研究的基础上，将机理模型和经验模型结合，发挥各自的优势，并基于中试和生产现场数据，建立更为有效实用的模型，是未来膜过滤模型研究的一项任务。同时，随着膜技术在水处理领域得到越来越广泛的应用，应针对水处理系统的特点和需求建立膜过滤模型，为水处理膜过滤工艺的优化运行提供决策支持，为合理制定防控与清洗措施提供理论依据，达到延长膜的使用寿命，提高经济收益的目的。

1.6.3 指导水处理膜污染理论的深化研究

以污染物颗粒尺度为基础的膜污染模型虽有发展，但是能够准确预测、判断分离过程膜面污染和膜孔污染，进而指导选择对策的模型尚少。诸多模型处于分析说明问题阶段。

许多模型的膜污染分析中，给出了污染物性质与膜材料性质相互作用的理论分析，如污染物的有机、无机及胶体特性影响，污染物与膜材料的亲疏水性、带电性质等对膜污染的影响研究，都是此类观点的体现。

然而，源自料液的污染物千变万化，分离膜作为一种产品的变化总是有限度的。要在物化性质差异的料液和分离膜之间求得“友好”的统一，往往难以达到。因此，目前在膜材质的选择应用上较为盲目。研究者与设计者应该给予使用者科学的、可操作的应用指导，这是膜污染机理深化研究的重要任务。

研究分离膜与污染物间的作用，膜面累积的污染物与污染物间的作用，揭示上述作用对膜污染影响的程度和性质，对缓减膜污染、延长膜使用寿命有重要意义。

参 考 文 献

胡守仁, 余少波, 戴葵, 1993. 神经网络导论[M]. 长沙: 国防科技大学出版社.
黄韵清, 孙傅, 曾思育, 等, 2015. 超滤工艺水质模型研究进展[J]. 水处理技术, 41(3):1-5.
田宝义, 2010. 超滤膜处理滦河水工艺研究[D]. 西安: 西安建筑科技大学.

王锦, 2002. 超滤水处理特性和膜污染研究[D]. 西安: 西安建筑科技大学.
王旭东, 2007. 基于膜结构特征和水中有机物性状的超滤膜污染模型的建立及评价研究[D]. 西安: 西安建筑科技大学.
王学松, 2005. 现代膜技术及其应用指南[M]. 北京: 化学工业出版社.
魏春海, 黄霞, 赵曙光, 等, 2004. SMBR 在次临界通量下的运行特性[J]. 中国给水排水, 20(11): 10-13.
肖康, 2011. 膜生物反应器微滤过程中的膜污染过程与机理研究 [D]. 北京: 清华大学.
许振良, 2001. 膜法水处理技术[M]. 北京:化学工业出版社.
张国俊, 刘忠洲, 2001. 膜过程中超滤膜污染机制的研究及其防治技术进展[J]. 膜科学与技术, 21(4):39-45.
MARCEL M, 1999. 膜技术基本原理[M]. 2 版. 李琳, 译. 北京:清华大学出版社.
ALVENTOSA-DELARA E, BARREDO-DAMAS S, ALCAINA-MIRANDA M I, et al., 2012. Ultrafiltration technology with a ceramic membrane for reactive dye removal: optimization of membrane performance[J]. Journal of Hazardous Materials, 209: 492-500.
BELFORT G, DAVIS R H, ZYDNEY A L, 1994. The behavior of suspensions and macromolecular solutions in crossflow microfiltration[J]. Journal of Membrane Science, 96(1-2): 1-58.
BRAGHETTA A, DIGIANO F A, BALL W P, 1998. NOM accumulation at NF membrane surface: impact of chemistry and shear[J]. Journal of Environmental Engineering, 124(11): 1087-1097.
BUBY-FIGUEROA R, CASSANO A, DRIOLI E, 2012. Ultrafiltration of orange press liquor: Optimization of operating conditions for the recovery of antioxidant compounds by response surface methodology[J]. Separation and Purification Technology, 98:255-261.
CHAKRABORTY S, DASGUPTA J, FAROOQ U, et al., 2014. Experimental analysis, modeling and optimization of chromium (Ⅵ) removal from aqueous solutions by polymer-enhanced ultrafiltration[J]. Journal of Membrane Science, 456:139-154.
CHILDRESS A E, ELIMELECH M, 1996. Effect of solution chemistry on the surface charge of polymeric reverse osmosis and nanofiltration membranes[J]. Journal Membrane Science, 119(2): 253-268.
CLARK M M, SRIVASTAVA R M, 1993. Mixing and aluminum precipitation[J]. Environmental Science and Technology, 27(10): 2181-2189.
COMBE C, MOLIS E, LUCAS P, et al., 1999. The effect of CA membrane properties on adsorptive fouling by humic acid[J]. Journal of Membrane Science, 154(1):73-87.
FIELD R W, WU D, HOWELL J A, et al., 1995. Critical flux concept for microfiltration fouling[J]. Journal Membrane Science, 100(3):259-272.
GUI P, HUANG X, CHEN Y, et al., 2003. Effect of operational parameters on sludge accumulation on membrane surfaces in a submerged membrane bioreactor[J]. Desalination, 151(2): 185-194.
HERMANS P H, BREDÉE H L, 1936. Principles of the mathematical treatment of constant-pressure filtration[J]. Journal of the Society of Chemical Industry, 55: 1-4.

HERMIA J, 1982. Constant pressure blocking filtration laws-application to power-law non-newtonian fluids[J]. Transactions of the Institution of Chemical Engineers, 60: 183-187.

HLAVACEK M, BOUCHET F, 1993. Constant flowrate blocking laws and an example of their application to dead-end microfiltration of protein solutions[J]. Journal of Membrane Science, 82(3): 285-295.

HONG S, ELMELECH M, 1997. Chemical and physical aspects of natural organic matter (NOM) fouling of nanofiltration membrane[J]. Journal of Membrane Science, 132(2):159-181.

HUANG H, YOUNG T A, JACANGELO J G, 2008. Unified membrane fouling index for low pressure membrane filtration of natural waters: Principles and methodology[J]. Environmental Science and Technology, 42(3):714-720.

HUANG X, XIAO K, SHEN Y, 2010. Recent advances in membrane bioreactor technology for wastewater treatment in China[J]. Frontiers of Environmental Science and Engineering in China, 4(3): 245-271.

JUCKER C, CLARK M M, 1994. adsorption of aquatic humic substances on hydrophobic ultrafiltration membranes[J]. Journal of Membrane Science, 97:37-52.

KAIYA Y, ITOCH Y, FUJITA K, et al, 1996. Study on fouling materials membrane in the membrane treatment process for potable water[J]. Desalination, 106(1/3):71-77.

LAINE J M, CLARK M M, MALLEVIALLE J, 1990. Ultrafiltration of lake water: Effect of pretreatment on the partitioning of organics, THMFP, and flux[J]. Journal of the American Water Works Association, 82(12):82-87.

LEE Y, CHO J, SEO Y, et al., 2002. Modeling of submerged membrane bio-reactor process for wastewater treatment[J]. Desalination, 146(1):451-457.

LIN C F, LIN T Y, HAO O J, 2000. Effects of humic substance characteristics on UF performance[J]. Water Research, 34(4):1097-1106.

LIN S, HUNG C, JUANG R, 2008. Effect of operating parameters on the separation of proteins in aqueous solutions by dead-end ultrafiltration[J]. Desalination, 234(1):116-125.

LIU R, HUANG X, SUN Y F,et al., 2003. Hydrodynamic effect on sludge accumulation over membrane surfaces in a submerged membrane bioreactor[J]. Process Biochemistry, 39(2): 157-163.

MATTHIASSON E, 1983. The role of macromolecular adsorption in fouling of ultrafiltration Membranes[J]. Journal of Membrane Science, 16:23-36.

NAGANKA L, YAMANISHI S. MIYA A, 1998. Modeling of biofouling by extracellular polymers in a membrane separation activated sludge system[J] . Water Science and Technology, 38(4-5):497-504.

NILSON J A, DIGIANO F A, 1996. Influence of NOM composition on nanofiltration[J]. Journal of the American Water Works Association, 88(6):53-66.

PAVANASAM A K, ABBAS A, CHEN V, 2011. Influence of particle size and operating parameters on virus ultrafiltration efficiency[J]. Water Science and Technology: Water Supply, 11(1):31-38.

SCHÄFER A I, SCHWICKER U, FISCHER M M, et al., 2000. Microfiltration of colloids and

natural organic matter[J]. Journal of Membrane Science, 171(2):151-172.
SHEN Y X, ZHAO W T, XIAO K, et al., 2010. A systematic insight into fouling propensity of soluble microbial products in membrane bioreactors based on hydrophobic interaction and size exclusion[J]. Journal of Membrane Science, 346(1): 187-193.
STEPHENSON T, BRIENDLE K, 1999. Membrane bioreactors-dual processing in one unit operation[J]. World Marketing Series, Business Briefing, 164-169.
TAMBO N, KAMEI K, 1978. Treatability evaluation of general organic matter-matrix conception and its application for a regional water and waste water system[J]. Water Research, 12(11):931-950.
TANSEL B, BAO W Y, TANSEL I N, 2000. Characterization of fouling kinetics in ultrafiltration systems by resistances in series model[J]. Desalination, 129(1): 7-14.
TEODOSIU C, PASTRAVANU O, MACOVEANU M, 2000. Neural network models for ultrafiltration and backwashing[J]. Water Research, 34(18):4371-4380.
THURMAN E M, 1985. Organic Geochemistry of Natural Waters: Developments in Biogeochemistry[M]. Boston: Academic Kluwer.
WANG L, FUKUSHI K, SATO A, 2000. A fundamental study on the application of nanofiltration to water treatment [J]. Journal of Japan Water Works Association, 69(5):35-45.
WANG X M, WAITE T D, 2008. Gel layer formation and hollow fiber membrane filterability of polysaccharide dispersions[J]. Journal of Membrane Science, 322(1): 204-213.
WEN C, HUANG X, QIAN Y, 1999. Domestic wastewater treatment using an anaerobic bioreactor coupled with membrane filtration[J]. Process Biochemistry, 35(3-4): 335-340.
WU J, HUANG X, 2009. Effect of mixed liquor properties on fouling propensity in membrane bioreactors[J]. Journal of Membrane Science, 342(1-2): 88-96.
YUAN W, ZYDNEY A L, 1999. Effects of solution environment on humic acid fouling during microfiltration[J]. Desalination, 122(1):63-76.
ZHAO W T, SHEN Y X, XIAO K, et al., 2010. Fouling characteristics in a membrane bioreactor coupled with anaerobic-anoxic-oxic process for coke wastewater treatment[J]. Bioresource Technology, 101(11): 3876-3883.
ZULARISAM A W, ISMAIL A F, SALIM M R, et al., 2009. Application of coagulation-ultrafiltration hybrid process for drinking water treatment: optimization of operating conditions using experimental design[J]. Separation and Purification Technology, 65(2):193-210.

第 2 章　超滤膜污染结构参数模型的建立及膜污染评价

在膜分离过程中，水中溶解性有机物在膜孔和膜表面的吸附或堵塞而产生膜的污染，会导致膜过滤性能的降低。影响膜过滤性能的膜污染结构参数主要有膜孔径及分布、膜孔密度、膜面孔隙率、皮层厚度等。在诸多测定膜孔径及其分布的方法中，扫描电镜(scanning electron microscope，SEM)法是一种很直观方便的测定方法，其测定精度可以达到 1nm(王旭东，2007；王磊等，2006；Masselin et al.，2001)。通过专业图像分析软件对得到的图片进行处理分析，可以得出所测定膜的表面孔形、膜孔径及分布、膜孔密度、膜面孔隙率、膜断面结构等多个膜结构相关的信息(王旭东，2007；Wang et al.，2006a；Masselin et al.，2001；Zhao et al.，2000)。

由于膜过滤过程的影响因素较多，目前预测型或关联型模型的实用性均不太理想(张伟等，2000；Song et al.，1998；Davis et al.，1992)。对于以机械筛滤为主要过滤机理的超滤(或微滤)来说，膜孔径及分布与膜孔密度(即单位膜面积的膜孔数)是考核膜分离功能的两个重要参数(Zhao et al.，2000)。

分别采用扫描电镜、场发射扫描电镜(field emission scanning electron microscope，FESEM)对膜孔径、孔隙率以及膜孔密度等超滤膜污染结构参数进行测定。并以流体力学基本原理为基础，引入伴随超滤膜分离过程的膜孔密度和膜平均孔径变化的参数，分别针对恒压和恒流过滤模式，建立基于膜孔密度和膜平均孔径变化的超滤膜污染结构参数模型，在不同水质、不同过滤模式条件下对其进行拟合验证，并用以评价膜污染的特征。

2.1　电镜法对超滤膜污染结构参数的确定

超滤膜的孔径一般在 1～20nm。利用 SEM 可以清楚地观察微孔膜表层、断面和底面的全部结构，也可容易地观察不对称结构，以及获得孔径、孔径分布、膜面孔隙率及孔的几何结构等结构参数。

2.1.1　聚偏氟乙烯超滤膜污染结构参数的测定

随机切取切割分子量为 30000 的 PVDF 平板超滤膜(简称为 PVDF-300 膜)若干片块，用 SEM 的不同放大倍率对其进行拍照分析，确定分析结果的再现性和合适的放大倍率，最终选定放大倍率为 10000 倍、15000 倍及 30000 倍的照片，统计分析其膜污染结构参数，其 SEM 照片如图 2-1～图 2-3 所示。

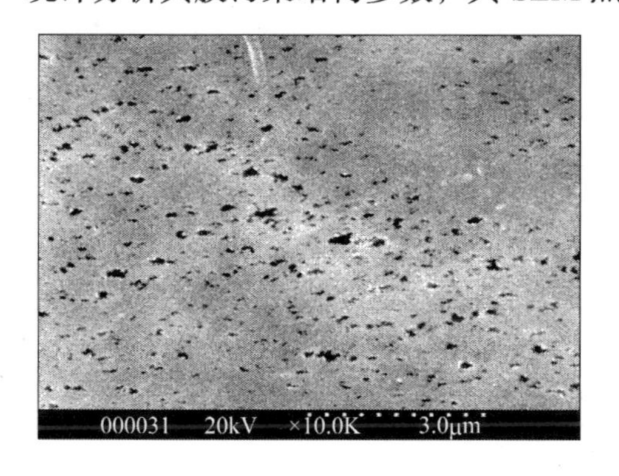

图 2-1　PVDF-300 膜 SEM 照片(10000 倍)

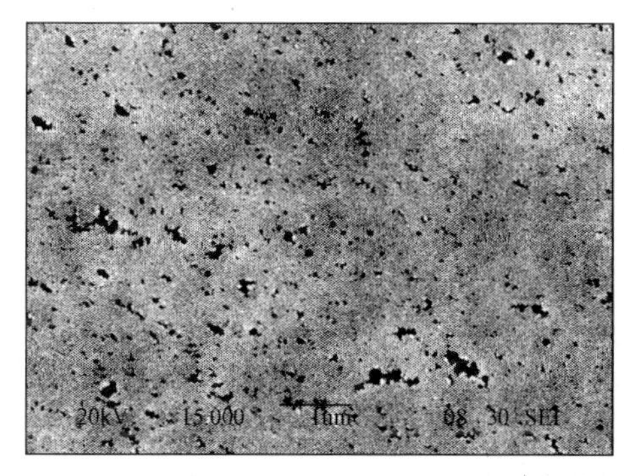

图 2-2　PVDF-300 膜 SEM 照片(15000 倍)

图 2-1～图 2-3 中，黑点代表膜表面的膜孔，分布很不均匀，而且孔径大小分布也不均匀。为统计膜面上不同大小的膜孔，利用图像分析软件进行两色处理，得到的图片见图 2-4～图 2-6。为了方便统计，假定每个膜孔均为独立的圆形孔。然后采用专业图像分析软件进行分析，分别获得膜孔径、膜孔密度、膜面孔隙率等膜结构参数的统计平均值，结果见表 2-1。

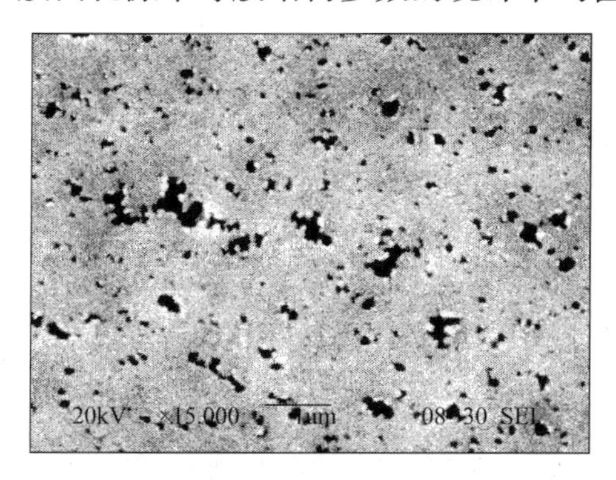

图 2-3　PVDF-300 膜 SEM 照片(30000 倍)

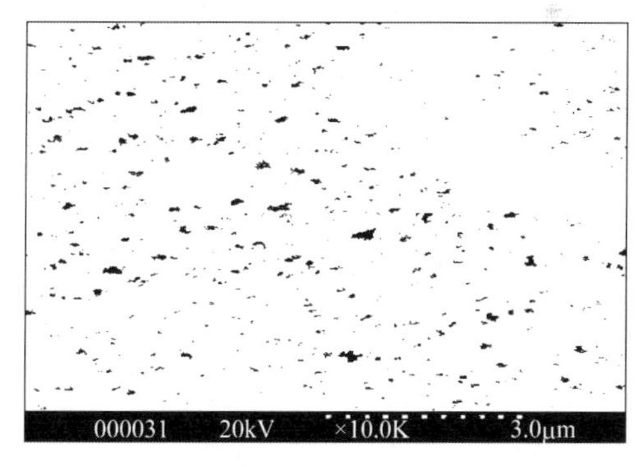

图 2-4　经软件处理过的 PVDF-300 膜 SEM 照片(10000 倍)

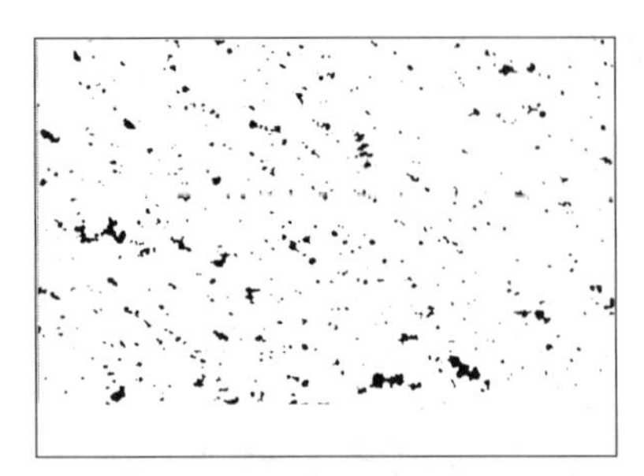

图 2-5　经软件处理过的 PVDF-300 膜 SEM 照片(15000 倍)

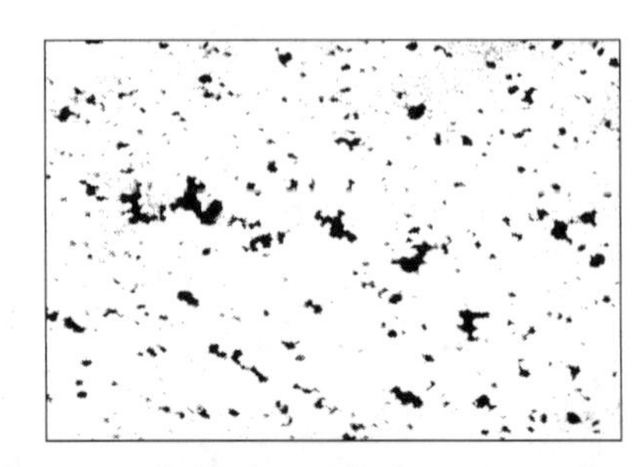

图 2-6　经软件处理过的 PVDF-300 膜 SEM 照片(30000 倍)

表 2-1　不同放大倍率的 PVDF-300 膜结构参数

放大倍率/倍	膜孔径/nm	膜面孔隙率/%	膜孔密度/($\times10^{12}$ 个/m^2)
10000	52.9	3.0	3.78
15000	44.3	3.1	5.46
30000	27.2	3.2	7.31

从所得 PVDF-300 膜结构参数值的大小可以得出，随着放大倍率的增大，膜孔径减小；所拍照的膜面积变小，而不同的膜表面上孔径分布不均匀，导致膜孔密度增大，但膜孔密度的数量级是相同的，膜面孔隙率在不同的倍率下相差不大。采用分辨率更好的 FESEM 拍照结果和图像分析软件所得结果一致，表明在合适的放大倍率下用 SEM 和 FESEM 对膜表面参数进行测定，可以满足实验要求(王旭东，2007；王磊等，2006)。

2.1.2　对聚丙烯腈超滤膜污染结构参数的测定

用 FESEM 对切割分子量为 30000 的 PAN 平板超滤膜(简称为 PAN-300 膜)进行多次拍照，放大倍率分别为 50000 倍、80000 倍、120000 倍，如图 2-7～图 2-9 所示。

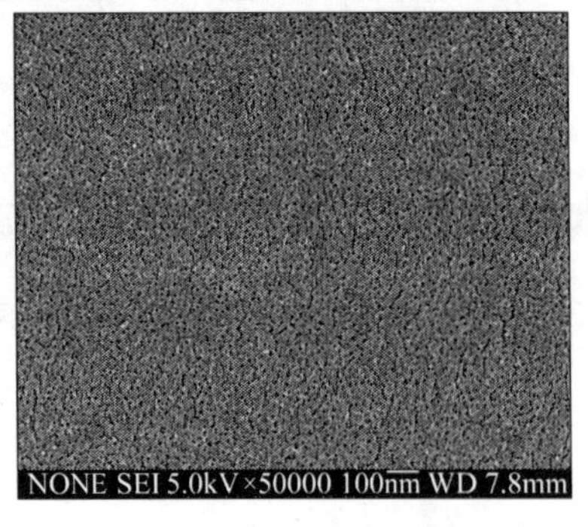

图 2-7　PAN-300 膜 FESEM 照片(50000 倍)

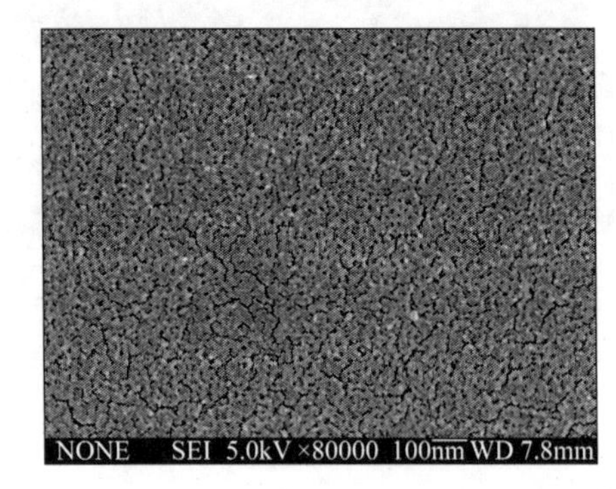

图 2-8　PAN-300 膜 FESEM 照片(80000 倍)

分析所得的 PAN-300 膜 FESEM 照片可知，PAN-300 膜孔径较小，与 PVDF-300 膜在结构上有很大的区别。PAN-300 膜照片上没有 PVDF-300 膜照片上明显的孔径出现，这是不同材质膜的制法不同以及膜材料的性质不同引起的。利用图像分析软件进行两色处理，处理后的照片上只有黑点和白色的膜面，便于统计孔的个数。经软件处理得到的照片如图 2-10～图 2-12 所示。

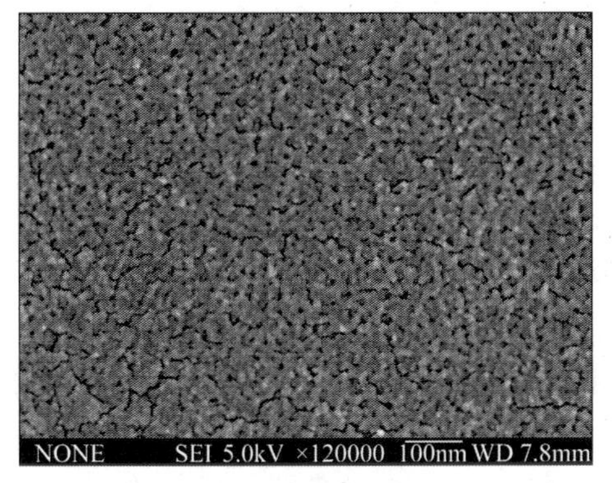

图 2-9　PAN-300 膜 FESEM 照片(120000 倍)

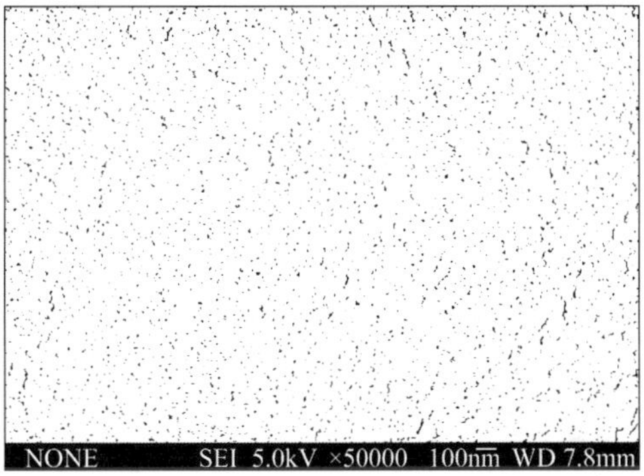

图 2-10　经软件处理的 PAN-300 膜 FESEM 照片(50000 倍)

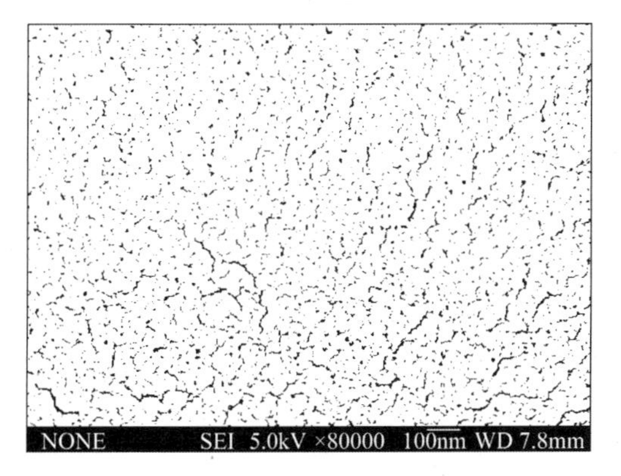

图 2-11　经软件处理的 PAN-300 膜 FESEM 照片(80000 倍)

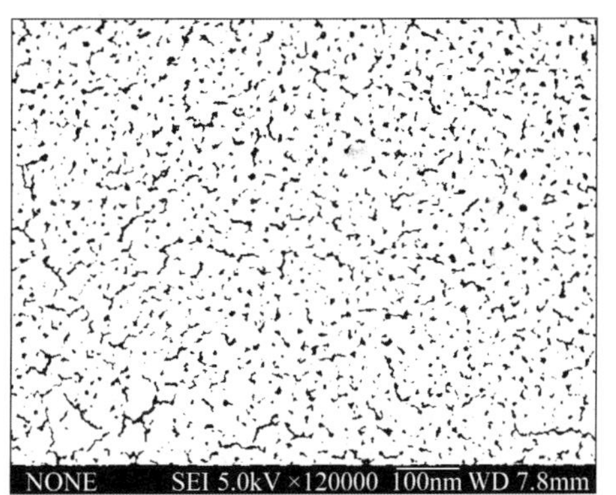

图 2-12　经软件处理的 PAN-300 膜 FESEM 照片(120000 倍)

经软件处理分析可得，放大 50000 倍的 FESEM 照片，膜孔径为 3.3nm，膜面孔隙率为 2.9%，膜孔密度为 9.1×10^{14} 个/m^2。放大 80000 倍的 FESEM 照片，膜孔径为 3.1nm，膜面孔隙率为 2.7%，膜孔密度为 9.6×10^{14} 个/m^2。放大 120000 倍的 FESEM 照片，膜孔径为 3.7nm，膜面孔隙率为 8.7%，膜孔密度为 2.0×10^{14} 个/m^2，如表 2-2 所示。

表 2-2 不同放大倍率的 PAN-300 膜结构参数

放大倍率/倍	膜孔径/nm	膜面孔隙率/%	膜孔密度/($\times10^{14}$个/m^2)
50000	3.3	2.9	9.1
80000	3.1	2.7	9.6
120000	3.7	8.7	2.0

FESEM 对 PAN-300 膜结构参数的测定结果表明，随着放大倍率的增大，膜孔径测定值变化并不大，分别为 3.3nm、3.1nm 和 3.7nm。说明用 FESEM 对 PAN-300 膜进行表征时，放大 50000 倍可以满足实验测定的要求。而且，在放大 50000 倍和 80000 倍两种条件下，其膜孔密度差异不大，但是当放大倍数为 120000 倍时，其测定结果偏离较大，主要原因一方面是放大倍数较大时，仪器测量误差较大；另一方面是放大倍数较大时，所选择的膜面太小，加之膜面上的孔分布不均匀。

切割分子量同为 30000 的 PVDF 膜和 PAN 膜，其材质不同，膜孔径相差也较大。PVDF-300 膜孔径为 30nm 左右，而 PAN-300 膜孔径只有 3nm 左右，这也说明不同材质超滤膜的物理化学性质和制备方法对膜孔径的分布特点有很大影响。虽然这两种膜的切割分子量都为 30000，但膜孔径较大的 PVDF-300 膜在透水时，除了表面的截留以外，膜内部吸附也起到重要作用。而 PAN-300 膜主要是膜表面过滤起主导作用。

2.1.3 对聚醚砜超滤膜结构参数的测定

用 FESEM 对切割分子量为 30000 的聚醚砜(polyethersulfone，PES)平板超滤膜(简称为 PES-300 膜)进行多次拍照，放大 50000 倍的膜面 FESEM 照片如图 2-13 所示。

从图 2-13 可以看出，PES 材质的超滤膜在结构上没有明显的孔出现。同样，利用图像分析软件进行两色处理，处理后的照片上只有黑点和白色的膜面，便于统计孔的个数。经软件处理得到的照片如图 2-14 所示。

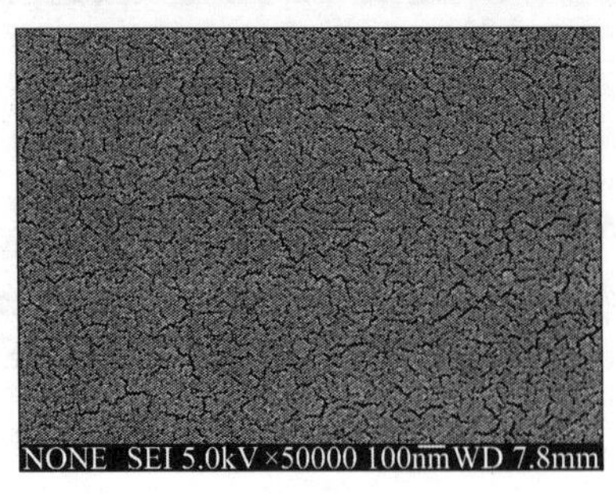

图 2-13 PES-300 膜 FESEM 照片(50000 倍)

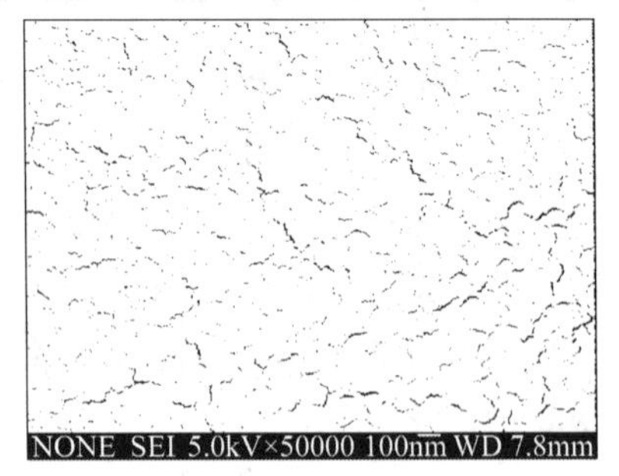

图 2-14 经软件处理的 PES-300 膜 FESEM 照片(50000 倍)

经软件多次处理分析，PES-300 膜的膜孔径为 4.2nm，膜面孔隙率为 2.1%，膜孔密度为 2.0×10^{14} 个/m^2。

2.1.4　不同材质超滤膜结构参数的结构分析

对三种不同材质的超滤膜结构参数的测定发现，膜结构参数与材质有很大的相关性。不同的材质，即使切割分子量相同，其结构参数也有很大的差别。而且，在对膜结构参数测定时，发现同种膜的不同地方，其孔径和分布也有不同。因此应尽量多取膜面进行拍照，统计其各种参数的平均值作为膜本身的结构参数。

切割分子量为 30000 的不同材质的超滤膜，当放大倍率为 30000～50000 倍时，其结构参数如表 2-3 所示。

表 2-3　不同材质超滤膜结构参数

材质	放大倍率/倍	膜孔径/nm	膜面孔隙率/%	膜孔密度/($\times10^{12}$个/m^2)
聚偏氟乙烯	30000	27.2	3.2	7.31
聚丙烯腈	50000	3.3	2.9	910
聚醚砜	50000	4.2	2.1	200

综合以上分析可知，对于不同材质的超滤膜，即使是相同切割分子量，由于制备方法不同，膜孔径等膜结构参数存在较大差异。因此在实际膜处理过程中，不同材质的膜，其通量衰减、膜污染状况等不同，采用的原水预处理方法应有所区别，膜清洗时选择适合的清洗方法才能达到恢复通量的目的。

2.2　超滤膜污染结构参数模型建立的基础

已有的膜污染模型及由模型指导下的防治膜污染对策尚存在一定问题，特别是在通水量下降、跨膜压差增高情况下，膜结构参数发生的变化并不清楚，使对策选择出现一定的盲目性。

因此，评价膜孔径和膜孔密度的变化对掌握膜污染机理和指导实践很重要；掌握水中有机污染物的性质(亲疏水性、离子强度、有机物分子量大小)、分子量的分布组成是研究膜污染的基础；认识污染物在膜孔内的堵塞，膜表面的累积、附着过程，建立与污染物的性质、膜结构参数等相关联的膜污染机理，对较全面反映膜污染过程是很必要的。

建立膜结构参数模型，必须有膜孔密度、膜孔径和膜面孔隙率这些参数作为基础，这里以 PVDF-300 膜为例，介绍上述参数的获取方法。

PVDF-300 新膜 SEM 照片及两色处理过的 SEM 照片分别如图 2-15 和图 2-16 所示。

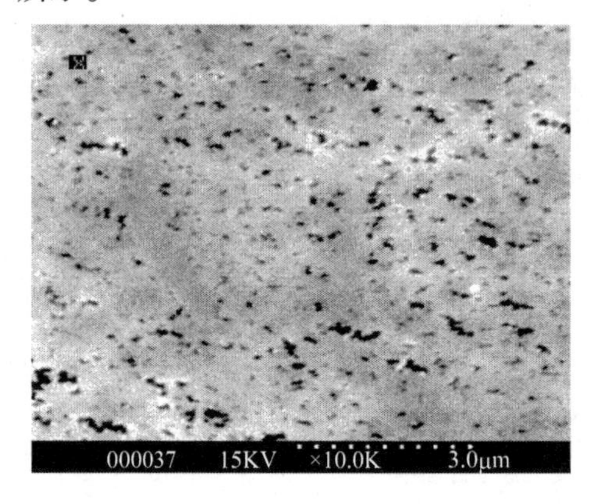

图 2-15　PVDF-300 新膜表面 SEM 照片(10000 倍)

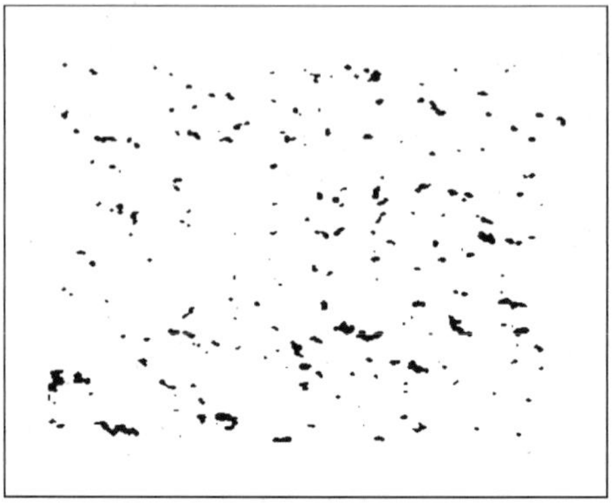

图 2-16　经软件处理后的 PVDF-300 新膜表面 SEM 照片(10000 倍)

对 PVDF-300 新膜表面结构参数进行多次测定，在放大 10000 倍时，得出膜孔径为 52nm，膜面孔隙率为 3.0%，膜孔密度为 2.49×10^{12} 个/m^2。

在 0.1MPa 的压力下对 PVDF-300 膜进行污染水样过滤，然后对经过一定污染后的 PVDF-300 膜进行 SEM 分析，并且对 SEM 图片进行软件处理，其结果分别如图 2-17 和图 2-18 所示。

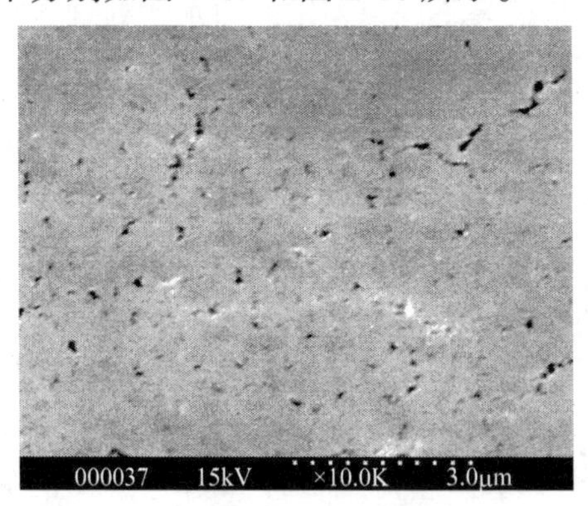

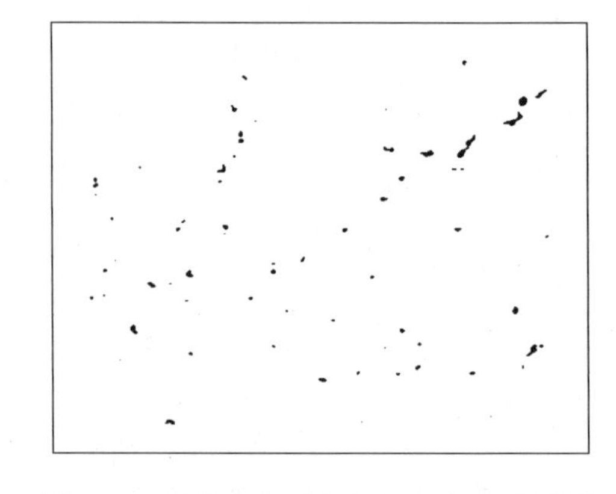

图 2-17　PVDF-300 污染膜表面 SEM 照片(10000 倍)

图 2-18　经软件处理后的 PVDF-300 污染膜表面 SEM 照片(10000 倍)

从图 2-17 可以看出，膜面上部分膜孔已经被堵，而且有明显的压实现象。对图 2-18 进行分析得出，PVDF-300 膜被污染后，其膜孔径为 44.2nm，膜面孔隙率为 0.5%，膜孔密度为 0.73×10^{12} 个/m^2。由此可见，膜在初期污染后，孔隙率下降幅度较大，孔径也有一定减小，但幅度不大。过滤开始后膜表面的小孔首先被堵塞，使平均孔径有变大的趋势，而膜表面大孔由于吸附作用孔径窄化，又使平均孔径有减小的趋势，二者共同作用使膜的平均孔径下降幅度小于膜孔密度的变化。

对膜过滤实验过程及膜结构的测定结果进行综合分析，发现膜过滤污染过程中，首先溶解性有机物进入膜孔内引起膜孔窄化，使得膜孔径和孔隙率减小，到了污染后期，大量的污染物沉积在膜表面，引起膜孔密度和平均孔径的减小，造成膜污染而降低了其分离性能。

2.3　超滤膜污染结构参数模型

2.3.1　膜污染结构参数模型的建立

基于对膜过滤过程及膜污染产生原因的认识，将膜污染归结为引起膜孔径减小的内部污染和引起膜孔密度减小的外部污染两部分。根据超滤膜的孔径大小，将水中溶解性有机物分为可能在膜孔内形成吸附从而减小膜孔径的物质(小于膜孔径的溶解性有机物)和可能在膜的表面形成堵孔从而降低膜孔密度的物质(大于膜孔径的溶解性有机物)。伴随膜过滤过程的进行，以水中污染物引起的膜孔密度及膜孔径的变化作为反映膜过滤性能变化的直接参数(王旭东，2007；王旭东等，2006)。

根据以上分析，作以下假设：

(1) 膜表面活性层的膜孔为一组垂直于膜表面的直筒细管，其孔径大小可用膜的平均孔径表示，流体通过孔为层流流动。

(2) 在透水过程中，膜平均孔径 d 和膜孔密度 N 均随累积透水体积 V 的增加呈线性减小。

由流体力学 Hagen-Poiseuille 公式可知，水透过孔径为 d 的孔时，孔内水的流速可表示为

$$u=\frac{d^2\Delta P}{32\mu\Delta x} \tag{2-1}$$

式中，ΔP 为跨膜压差，Pa；μ 为水的黏滞系数，Pa · s；Δx 为膜的有效厚度，m；d 为膜的平均孔径，m。

由此，膜的纯水通量 J_0 可表示为

$$J_0 = u\pi\left(\frac{d_0}{2}\right)^2 N_0 = \frac{\pi\Delta P d_0^4}{128\mu\cdot\Delta x}N_0 \tag{2-2}$$

式中，d_0为初始膜平均孔径，m；N_0为初始膜孔密度，个/m²。

根据假设，在超滤膜水质净化过程中，由于污染物的作用，膜平均孔径变化系数a_1和膜孔密度变化系数a_2分别用式(2-3)和式(2-4)表示。

$$a_1 = \frac{1}{q}\left(1-\frac{d}{d_0}\right) \tag{2-3}$$

$$a_2 = \frac{1}{q}\left(1-\frac{N}{N_0}\right) \tag{2-4}$$

式中，a_1反映膜平均孔径变化特征，其变化体现着膜污染过程中小分子量有机物对膜孔内造成的污染特征；a_2反映膜孔密度变化特征，其变化体现着膜污染过程中大分子量有机物对膜面造成膜孔堵塞，导致膜孔数量减少，膜孔密度降低的特征。

当膜过滤过程中的跨膜压差ΔP恒定，即恒压过滤时，将式(2-3)和式(2-4)代入式(2-2)，即得到受污染水的单位膜面积累积透水体积为q时的膜通量为

$$J_{\mathrm{v}} = \frac{\pi\Delta P\left[(1-a_1q)d_0\right]^4}{128\mu\Delta x}(1-a_2q)N_0 \tag{2-5}$$

模型可进一步简化为

$$\frac{J_{\mathrm{v}}}{J_0} = (1-a_2q)(1-a_1q)^4 \tag{2-6}$$

式(2-6)为恒压过滤模式下，基于膜孔密度和膜平均孔径两个膜结构参数建立的超滤膜污染结构参数模型，该模型反映了受污染膜的透水通量随单位膜面积累积透水体积的变化。

当膜过滤过程中通量J_{v}恒定，即恒流过滤时，式(2-2)可变形为

$$\Delta P_0 = \frac{128\mu\Delta x}{\pi J_0 d_0^4 N_0} \tag{2-7}$$

式中，ΔP_0为恒流过滤初始跨膜压差。将式(2-3)和式(2-4)代入式(2-7)，即得到受污染水的单位膜面积累积透水体积为q时的跨膜压差ΔP_{v}为

$$\Delta P_{\mathrm{v}} = \frac{128\mu\Delta x}{\pi J_{\mathrm{v}}\left[(1-a_1q)d_0\right]^4(1-a_2q)N_0} \tag{2-8}$$

将式(2-7)代入式(2-8)，即得到

$$\frac{\Delta P_0}{\Delta P_{\mathrm{v}}} = (1-a_2q)(1-a_1q)^4 \tag{2-9}$$

式(2-9)为恒流过滤模式下，基于膜孔密度和膜平均孔径两个膜结构参数建立的超滤膜污染结构参数模型，该模型反映了受污染膜的跨膜压差随单位膜面积累积透水体积的变化。

式(2-6)和式(2-9)中的 a_1 和 a_2 又称为膜污染结构参数。

从膜污染结构参数模型的建立过程可以看出，在超滤水处理过程中，膜的平均孔径和膜孔密度随着累积透水体积的增加而减小。通过模型参数 a_1 和 a_2 可以评价超滤水质净化过程中：水中有机物是以膜孔内吸附为主导，还是以膜表面膜孔堵塞为主导；受水中有机物分子量及分布、有机物亲疏水性、离子强度等哪一种水质性状的影响较大。可以结合膜结构特性和原水性状两个方面评价超滤膜污染过程。

2.3.2　膜污染结构参数的求解

在超滤膜污染结构参数模型中，待定的参数是膜平均孔径变化系数 a_1 和膜孔密度变化系数 a_2。可将实验得出的一系列比膜通量 J_v/J_0 (恒压过滤模式)或比跨膜压差 $\Delta P_0/\Delta P_v$ (恒流过滤模式)和单位膜面积累积透水体积 q 代入式(2-6)或式(2-9)，通过循环的方式，用计算机程序求出参数 a_1 和 a_2 的最小二乘解，即最优解。

2.4　超滤膜污染结构参数模型的实验验证

2.4.1　实验装置

实验装置示意图见图 2-19。有效膜过滤面积为 $3.32\times10^{-3}m^2$。压力驱动采用高纯氮气，过滤压力为 0.1MPa，透水膜通量采用电子天平测定(均校核到 25℃)。

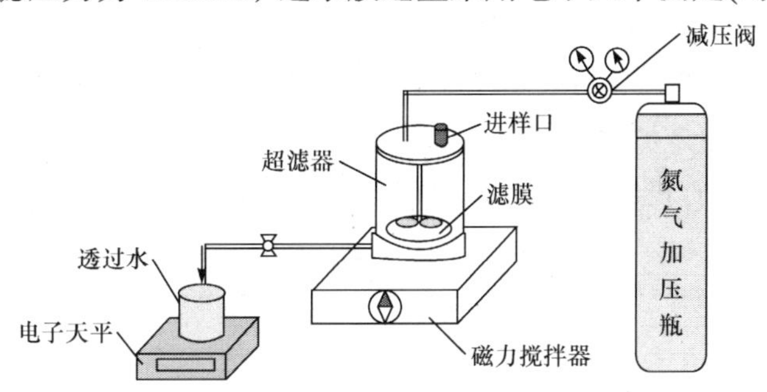

图 2-19　杯式膜分离性能测试装置示意图

2.4.2　实验原水

分别以某污水处理厂二级出水为原水。该厂污水处理工艺采用氧化沟处理工艺系统，水质指标见表 2-4。

表 2-4　实验原水水质指标

水质指标	测定值	水质指标	测定值
色度/(°)	25～35	浊度/NTU	4～20
UV_{254} /cm^{-1}	0.106～0.163	DOC 浓度/(mg/L)	4.25～9.43
COD 浓度/(mg/L)	10.8～41.2	BOD_5 浓度/(mg/L)	6～12
氨氮浓度/(mg/L)	0.70～2.04	总铁浓度/(mg/L)	0.43～0.83
总锰浓度/(mg/L)	0.25～0.41	总硬度浓度/(mg/L)	101.0
SS 浓度/(mg/L)	10～20	TOC 浓度/(mg/L)	8～10
总氮浓度/(mg/L)	5～10	总磷浓度/(mg/L)	0.5～1.5

注：COD 表示化学需氧量(chemical oxygen demand)；TOC 表示总有机碳(total organic carbon)；DOC 表示溶解性有机碳(dissolved organic carbon)；BOD_5 表示五日生化需氧量(five-day biochemical oxygen demand)；SS 表示悬浮固体(suspended solids)；UV_{254} 表示 254nm 处紫外吸光度(ultraviolet absorption)。

2.4.3　实验数据的处理

1) 通量校正

由 Dacry 公式式(1-49)可知，膜通量与水的黏度直接相关，而水的黏度又随水温有很大变化。消除温度影响的校正公式如下：

$$J_{校正} = J_t \frac{\mu_t}{\mu_{25}} \tag{2-10}$$

式中，$J_{校正}$ 为校正到 25℃时的膜通量，L/(m^2 · h)；J_t 为温度 t 时的膜通量，L/(m^2 · h)；μ_t 为温度 t 时的水样黏度，Pa · s；μ_{25} 为 25℃时的水样黏度，Pa · s。

2) 水中有机物分子量分布测定

水中有机物分子量分布采用滤膜平行过滤法，分别用不同规格的滤膜对水样进行过滤，通过测定滤过液的 TOC 和 UV_{254} 值确定水中有机物的分子量分布。表 2-5 是测定水中有机物分子量分布所用滤膜规格，实验流程如图 2-20 所示。

表 2-5　滤膜规格表

滤膜规格	材质	有机物截留范围
微滤膜(0.45μm)	CA	粒径>0.45μm
超滤膜(PES-500)	PES	分子量>50000
超滤膜(PES-300)	PES	分子量>30000
超滤膜(PES-100)	PES	分子量>10000
超滤膜(PES-40)	PES	分子量>4000

注：CA 表示乙酸纤维素(cellulose acetate)。

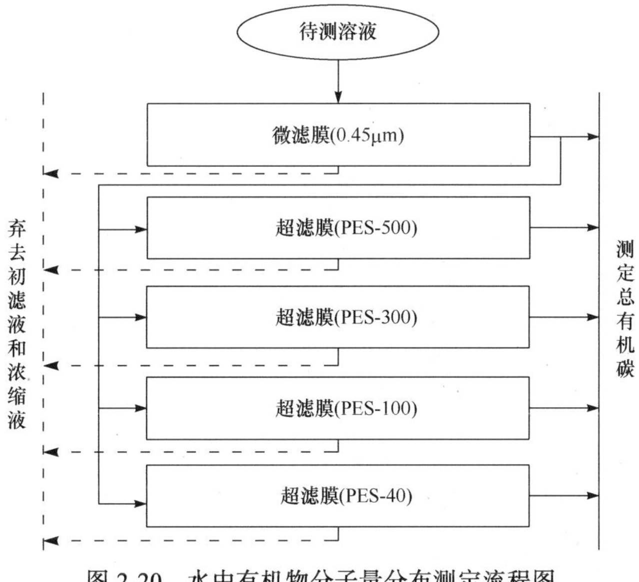

图 2-20　水中有机物分子量分布测定流程图

2.4.4　超滤过程膜污染结构参数模型验证

1) 实验原水

为了对所建立结构参数模型进行验证，需采用不同有机物分子量分布的实验用水，因此通过臭氧预氧化来改变二级出水中有机物的分子量分布，进而研究水中不同有机物分子量分布实验原水超滤过程，对所建立膜污染结构参数模型进行拟合验证，评价模型的适用性。

实验所用原水及臭氧预氧化 5min 后水中溶解性有机物分子量分布结果如图 2-21 所示。

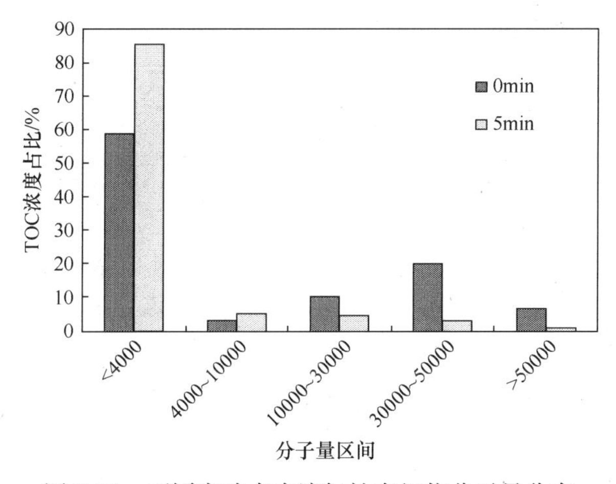

图 2-21　不同实验水中溶解性有机物分子量分布

由图 2-21 发现，二级处理水中溶解性有机物主要集中在<4000 和 30000～50000 的分子量区间，受臭氧氧化影响，大分子量有机物的变化明显，对小分子量有机物的氧化效果较差。臭氧接触后，水中大分子量有机物减少，小分子量有机物增加。

2) 超滤膜过滤过程的模型模拟

采用 PVDF-300 膜对上述原水进行过滤，测定超滤膜透水通量随单位膜面积累积透水体积 q 的变化曲线，同时利用所建立的膜污染结构参数模型进行拟合计算，将实验结果和模型计算结果进行比较，如图 2-22 和图 2-23 所示。

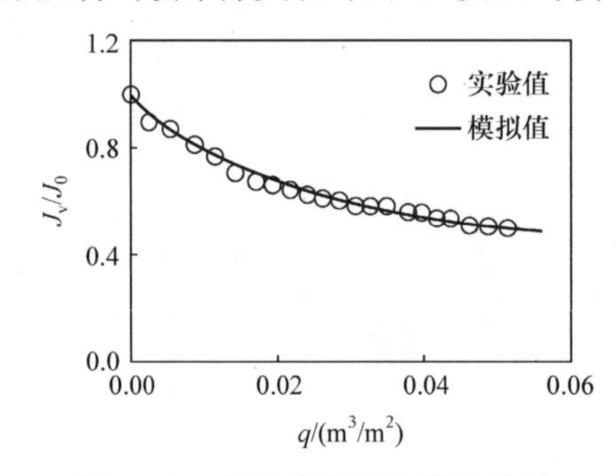

图 2-22 模型值和实验值的比较 (二级出水)

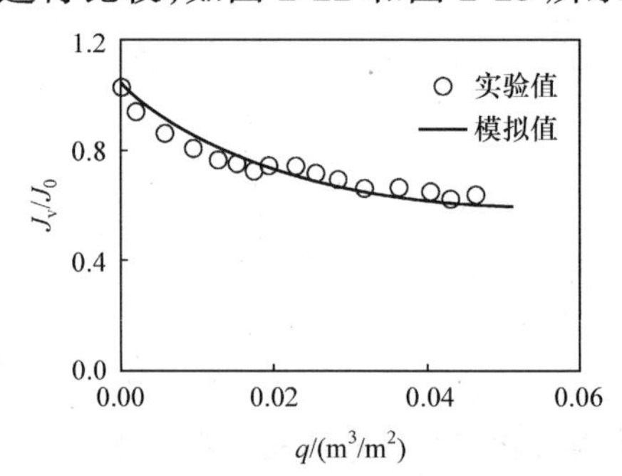

图 2-23 模型值和实验值的比较 (二级出水臭氧预氧化 5min)

可以看出，不同有机物分子量分布原水的超滤过程其通量变化趋势不同，所建立模型对不同有机物分子量分布原水的超滤过程均可以很好地模拟。

2.5 膜污染结构参数模型对超滤膜污染的评价

2.5.1 不同性状原水超滤过程的膜污染结构参数评价

1) 实验原水

为了考察不同性状原水超滤对超滤过程的影响，分别采用混凝、粉末活性炭(powdered activated carbon，PAC)吸附和臭氧-PAC 对二级处理水进行预处理，获得 4 种不同性状的实验水。

图 2-24 为经混凝预处理后水中有机物的分子量分布情况。

从图 2-24 可以看出，混凝预处理对分子量大于 100000 的有机物有较好地去除效果，去除率达到 50%左右；对于分子量小于 100000 的有机物，其去除效果较差，说明混凝预处理能有效去除水中分子量大于 100000 的大分子量有机物。

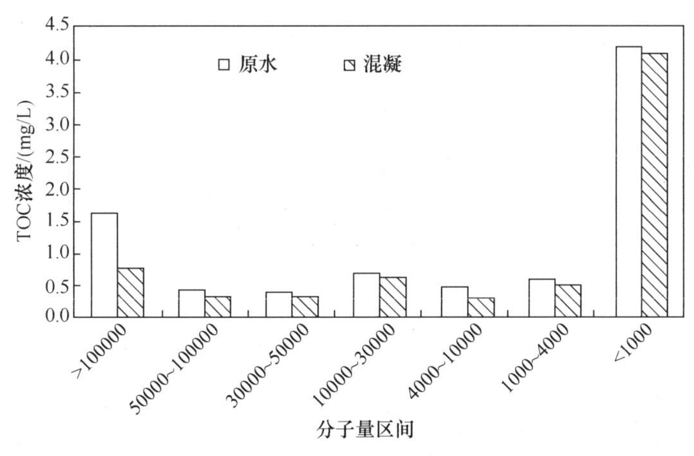

图 2-24　混凝预处理后水中有机物的分子量分布

图 2-25 分别为投加 PAC、臭氧-PAC 联用处理后水中有机物的分子量分布情况。从图 2-25 可以看出，臭氧-PAC 联用处理对于有机物的去除效果比单独 PAC 吸附好。单独 PAC 吸附处理后大分子量有机物含量减小幅度较小，而小分子量特别是分子量小于 4000 的有机物减小幅度较大。臭氧-PAC 联用处理时，大分子量有机物和小分子量有机物含量具有一定程度的下降，说明大分子量有机物和小分子量有机物得到一定程度的去除。这主要是臭氧的强氧化性可以将大分子难降解有机物氧化为可生化性较高的小分子物质，以醛类(甲醛、乙醛、乙二醛)和羧酸(甲酸、乙酸、草酸、乙二酸、丙酸等)为主(Saroj et al.，2005；Yavich et al.，2004)。其中部分有机物甚至被氧化为 H_2O 和 CO_2，导致大分子量有机物含量下降。大分子量有机物经臭氧氧化后，产生较多小分子量有机物，基于前面的分析，PAC 对于小分子量有机物去除率较高，因此，该区间有机物含量下降。

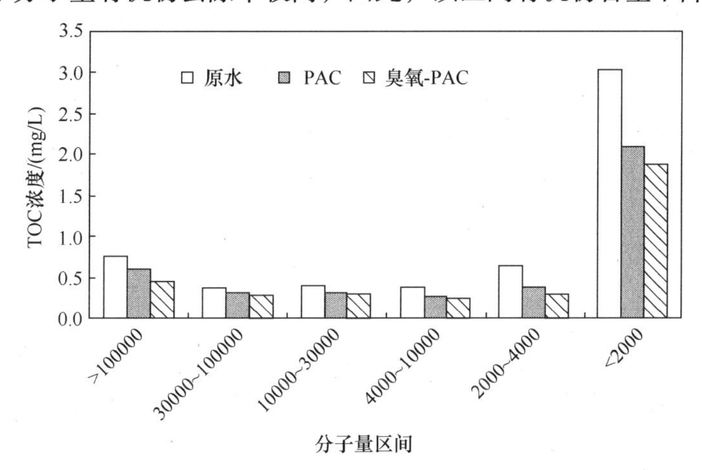

图 2-25　投加 PAC、臭氧-PAC 联用处理后水中有机物分子量分布

2) 不同性状原水超滤过程的膜污染结构参数模型模拟

采用 PES-300 超滤膜(材质为聚醚砜，切割分子量为 30000)，根据建立的膜污染结构参数模型，对二级处理水及经过不同预处理的原水进行超滤过程的模型模拟，并对实验结果和模型计算结果进行比较，如图 2-26～图 2-29 所示。

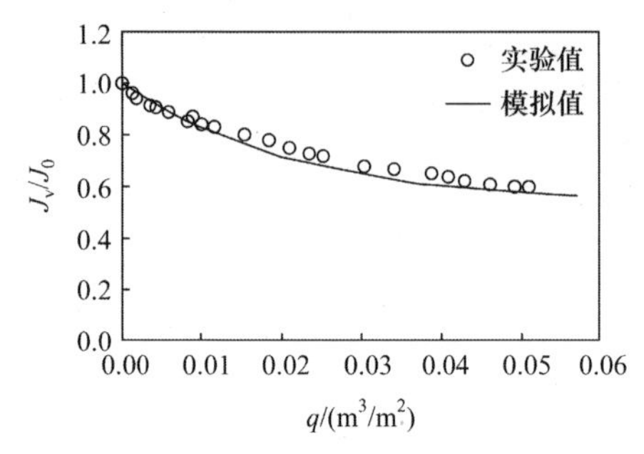

图 2-26　模拟值和实验值的比较(原水)

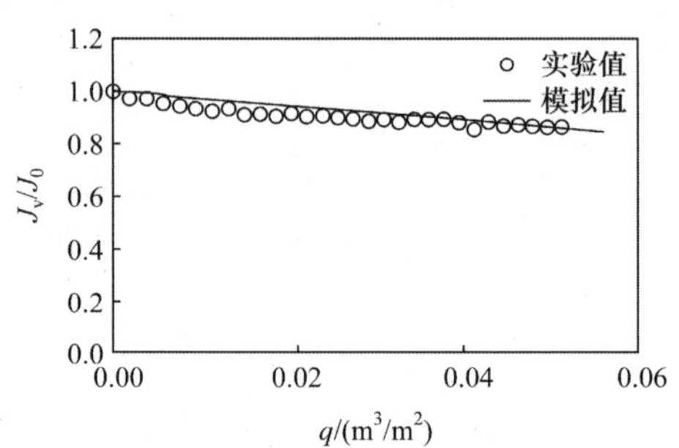

图 2-27　模拟值和实验值的比较(混凝预处理)

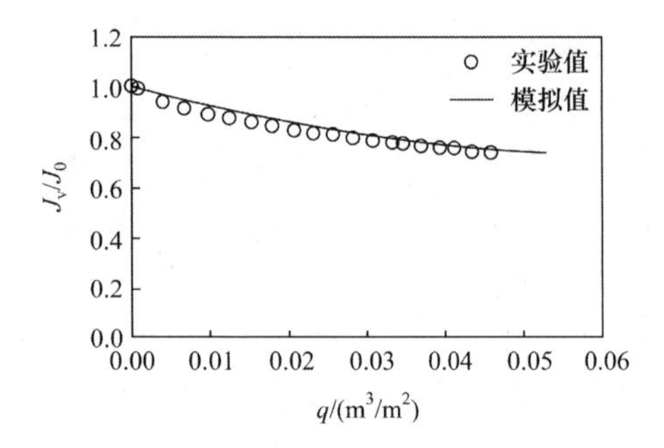

图 2-28　模拟值和实验值的比较(PAC 吸附预处理)

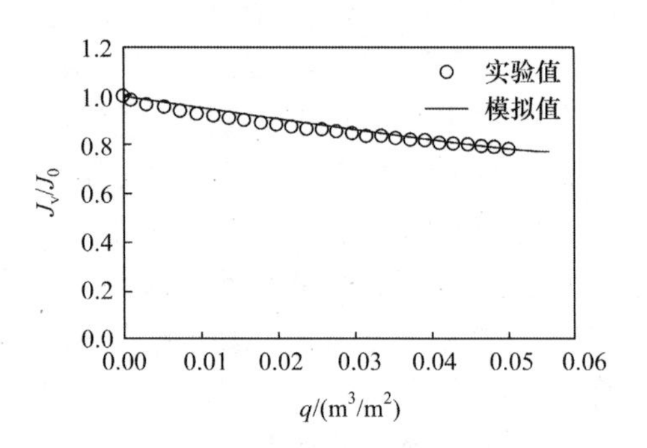

图 2-29　模拟值和实验值的比较(臭氧-PAC 联用预处理)

过滤实验结果表明，利用膜污染结构参数模型预测的比膜通量变化与实验结果基本一致，说明膜污染结构参数模型对不同性状原水超滤过程有较好的模拟效果，可以用来评价膜的受污染情况。

3) 用膜污染结构参数模型对膜污染的评价分析

通过循环的方式并采用计算机程序求出不同性状原水超滤过程的特征参数(膜平均孔径变化系数 a_1 和膜孔密度变化系数 a_2)的最小二乘解，即最优解。拟合结果如表 2-6 所示。

表 2-6　模型参数 a_1 和 a_2 的模拟计算值

水样	模型参数	
	a_1/m^{-1}	a_2/m^{-1}
原水	6.62	6.69
混凝预处理	2.14	0.32
PAC 吸附预处理	1.68	3.47
臭氧-PAC 联用预处理	1.57	1.85

实验结果与计算结果表明，经过不同预处理，原水中有机物分子量分布变化较大；混凝预处理对大分子量有机物去除率较高；PAC 吸附预处理对小分子量有机物去除率较高。

模型参数模拟计算结果表明：

(1) 原水超滤过程的膜平均孔径变化系数 a_1 和膜孔密度变化系数 a_2 均最高，说明水中小分子量有机物和大分子量有机物含量都较高，导致孔内吸附而使平均孔径减小较大，同时在超滤过程中，大分子量有机物会在膜面产生附着，导致膜孔密度迅速减小。

(2) 原水经混凝预处理后，膜过滤过程中膜孔密度变化系数 a_2 最小，表明混凝预处理对大分子量有机物去除较多，从而减缓了膜孔密度的减小速度。经混凝预处理后的原水中小分子量有机物去除幅度较小，因而膜平均孔径变化系数 a_1 较大。

(3) 原水经 PAC 吸附预处理后，膜过滤过程中平均孔径变化系数 a_1 较小且较为接近，这主要是因为原水经 PAC 吸附后，小分子量有机物的去除率最大。这种小分子的去除，导致孔内吸附减少，从而使超滤过程中膜平均孔径减小速度变慢。原水经 PAC 吸附预处理后，膜孔密度变化系数 a_2 变化大，表明粉末活性炭对大分子量有机物去除率较低，从而使得超滤过程中对膜孔密度变化系数的影响较小。

(4) 臭氧-PAC 联用预处理后，臭氧的氧化作用使原水中大分子量有机物有所减少，但减少幅度低于混凝预处理过程，因此膜孔密度减少速度比 PAC 的要小，但高于混凝预处理的情况。

从上述结果还可以看出，分子量小于 4000 的小分子量有机物的存在是导致 PES-300 膜过滤过程膜孔内吸附的主要因素。同时也可以发现，上述预处理所导致的水质变化都可用膜结构参数的变化清楚反映(Wang et al，2006b；王磊等，2005)。

2.5.2 不同操作条件和运行模式下的膜污染结构参数评价

1) 实验装置和工艺条件

为适用超/微滤过程中膜污染结构参数的变化分析与评价，考察反洗、快洗等不同操作条件对膜处理过程的影响，采用中空纤维超滤水处理实验系统，处理规模为 0.5m^3/h，超滤膜为切割分子量为 100000 的内压式中空纤维超滤膜组件。

在恒压和恒流两种过滤模式下运行，基本运行工艺流程为“过滤—快洗(表面冲洗)—反洗—快洗”，运行可以通过设定时间控制，也可以通过跨膜压差或膜透水通量来控制。在恒压模式下，通过控制膜透水通量控制反冲洗和快洗时间(当膜透水通量低于设定值时)；在恒流模式下，通过控制跨膜压差控制反冲洗和快洗时间(当跨膜压差高于设定值时)。控制快洗和反洗的时间还可以实现工艺流程的变化和组合。当系统运行一定时间后要对膜进行化学清洗。

清洗水用膜过滤水或自来水，同时添加 5mg/L 的 NaClO，作用是杀菌和氧化去除膜上的有机物。化学清洗液为 pH 为 12 的 NaOH 溶液和 pH 为 4 的稀盐酸溶液，采用单独的防腐泵进行清洗液的加压和循环，清洗时间为碱洗 2h、酸洗 2h。每次化学清洗后均采用水力清洗去除膜组件及管路内残留的清洗液。

2) 实验原水

将某造纸厂造纸黑液经自来水稀释一定倍数后作为实验原水，控制原水 UV_{254} 值为 0.130。黑液的化学成分包括有机物与无机物两部分。有机物包括木质素、半纤维素和纤维素的降解产物及有机酸等，无机物包括游离的氢氧化钠、硫化钠、碳酸钠以及与有机物化合的钠盐等。

3) 不同水力清洗操作条件下膜污染结构参数的分析与膜污染评价

根据建立的膜污染结构参数模型，对几种水力清洗条件下的恒压超滤过程进行模型模拟，求出模型参数 a_1 和 a_2 的最小二乘解(最优解)，见表 2-7。并对实验结果和模型计算结果进行比较，如图 2-30～图 2-32 所示(范国庆等，2009)。

表 2-7 恒压模式下模型参数 a_1 和 a_2 的模拟计算值

水力清洗方式(快洗+反洗+快洗)/s	模型参数	
	a_1/m^{-1}	a_2/m^{-1}
0+90+30	0.44	0.47
30+90+30	0.61	0.81
0+90+0	0.64	0.91

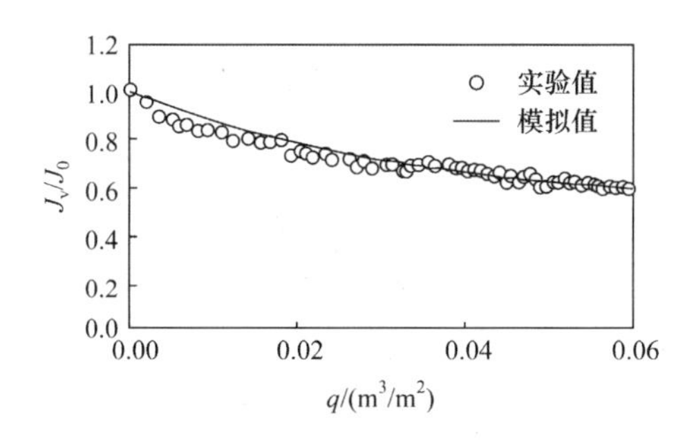

图 2-30　不同清洗操作条件下模型计算结果与实验结果比较(0s+90s+30s)

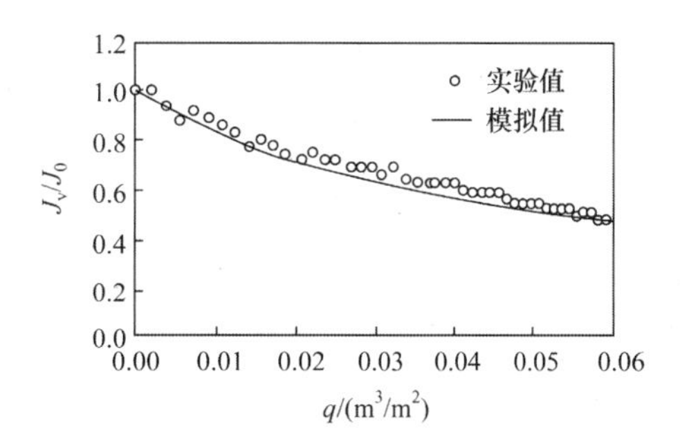

图 2-31　不同清洗操作条件下模型计算结果与实验结果比较(30s+90s+30s)

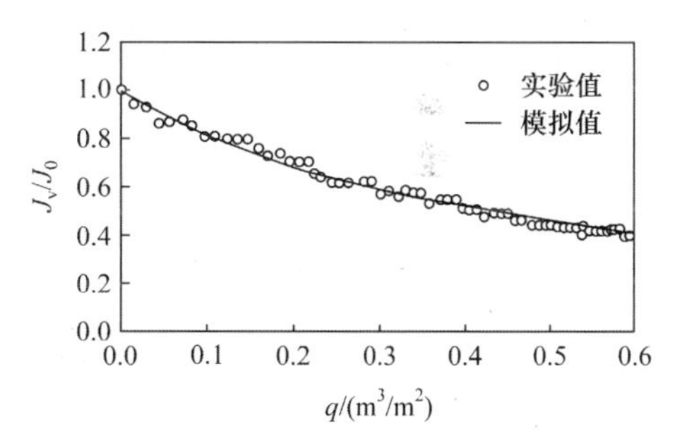

图 2-32　不同清洗操作条件下模型计算结果与实验结果比较(0s+90s+0s)

不同清洗操作条件下实验结果与模型计算结果表明，恒压超滤过程中比膜通量变化曲线与模拟曲线比较相近。由此可见，用超滤膜污染结构参数模型能较好地模拟恒压超滤过程中膜通量的变化情况。

表 2-7 中的数据也很好地反映了受污染的膜平均孔径和膜孔密度的变化特征，在 3 种不同的水力清洗条件下的恒压超滤过程中，膜平均孔径变化系数 a_1 和膜孔密度变化系数 a_2 均逐渐增大，且 a_2 变化的幅度大，说明原水中的大分子物质对膜孔密度变化的影响在增强。在具体超/微滤过程中，如果原水中小分子量有机物较多或容易形成膜孔堵塞/窄化的物质较多时，可以通过增加水力反冲洗的时间或强度来减缓膜污染；如果原水中大分子量有机物/颗粒污染物或容易形成膜面堵孔或凝胶层的物质较多时，可以通过增加表面水力快洗或提高错流速度来减缓膜污染。膜结构参数 a_1 和 a_2 的大小及变化可以为冲洗方式的选择提供参考依据。

4) 恒流过滤模式下膜污染结构参数的分析与膜污染评价

在恒流模式下，也要考虑过滤周期和反洗压力等不同操作条件的影响。对几种恒流超滤过程进行模型实验模拟，求出模型参数 a_1 和 a_2 的最小二乘解(最优解)，计算结果见表 2-8。对实验结果和模型计算结果进行比较，如图 2-33～图 2-36 所示。

表 2-8　恒流模式下模型参数 a_1 和 a_2 的模拟计算值

过滤条件(时间+压力)	模型参数	
	a_1/m^{-1}	a_2/m^{-1}
60min+50kPa	0.76	0.85
60min+75kPa	0.52	0.61
30min+50kPa	0.30	0.64
30min+75kPa	0.25	0.58

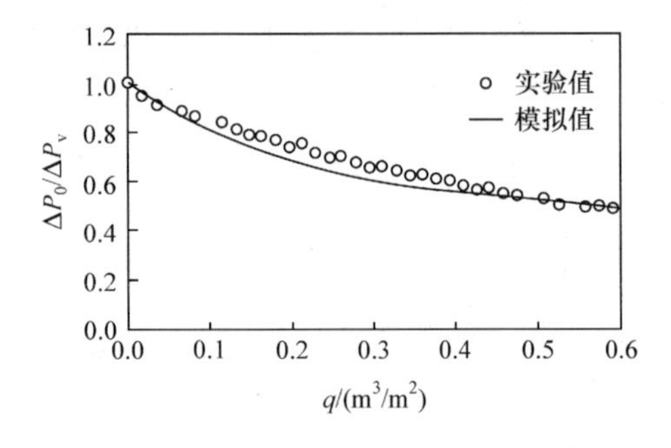

图 2-33　恒流超滤过程中模型计算结果与实验结果比较(60min+50kPa)

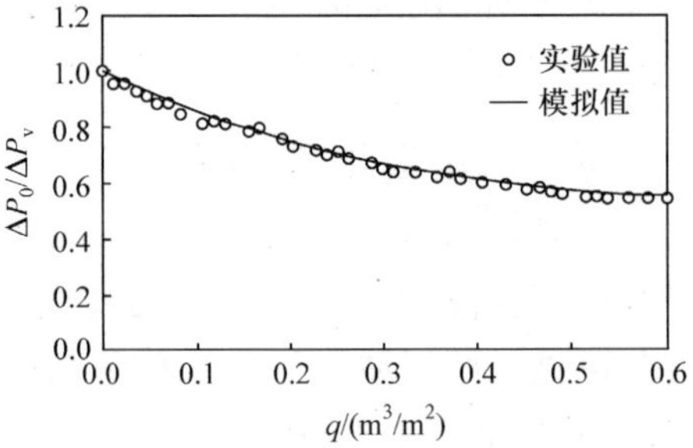

图 2-34　恒流超滤过程中模型计算结果与实验结果比较(60min+75kPa)

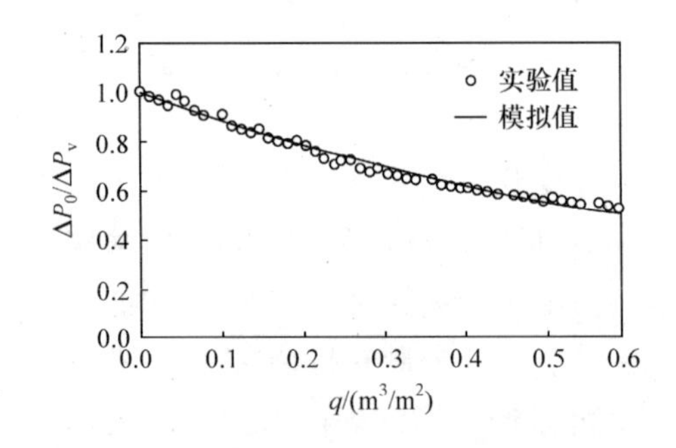

图 2-35　恒流超滤过程中模型计算结果与实验结果比较(30min+50kPa)

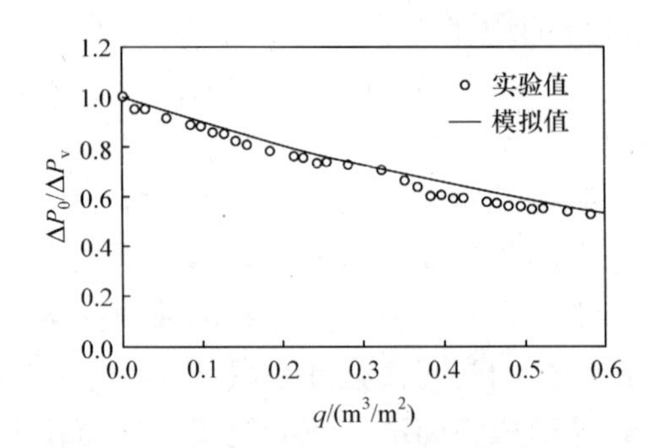

图 2-36　恒流超滤过程中模型计算结果与实验结果比较(30min+75kPa)

恒流过程的模型计算结果与实验结果表明，几种恒流超滤过程中的比跨膜压差($\Delta P_0/\Delta P_v$)随累积透水体积的变化实验结果与模拟结果曲线比较相近。用超滤膜污染结构参数模型也能较好地反映恒流超滤过程中比跨膜压差随累积透水量的变化情况。

从表 2-8 中的数据可以看出，恒流超滤过程中，缩短过滤周期和增大反冲洗的压力均可以减弱水中有机物对超滤膜孔的窄化和膜表面的堵塞作用，从而减缓超滤过程膜污染的进程，但反冲洗对 a_2 的影响要小得多。同样，膜结构参数 a_1 和 a_2 的大小及变化也可以给膜清洗方式的选择提供指导。

在膜过滤过程中，虽然 J_v/J_0 能反映膜通量衰减或膜污染的程度，但是不能给出产生膜通量衰减或是膜污染的变化因素等更进一步的信息，超滤膜污染结构参数模型引入的膜平均孔径变化系数 a_1 和膜孔密度变化系数 a_2 可作为评价超滤过程的两个重要的参数。通过了解原水性状，掌握水中有机物的分子量分布特征，结合膜污染结构参数模型中 a_1 和 a_2 的大小与变化，判断污水超滤过程中具体是哪部分有机物对膜污染起控制作用，从而通过采用适当的预处理改变水中有机物的分子量分布或通过选择适当切割分子量的膜，来达到控制膜污染、减缓膜通量衰减、延长膜使用寿命的目的。

2.6　基于超滤膜污染结构参数的膜污染控制方法及控制系统

2.6.1　基于超滤膜污染结构参数的膜污染控制方法介绍

根据超滤膜污染结构参数模型，通过膜孔密度变化和膜平均孔径的变化，反映在不同运行条件下，超滤过程中膜孔内吸附污染和膜孔面膜孔堵塞污染情况，从而提出恢复对策，实现对膜污染程度的实时调控。

适时地对超滤处理系统进行操作调控，以达到减缓膜污染，提高膜的使用周期，提高产水率的目标。以膜结构参数模型为基础，将 PLC、KINGVIEW(组态王)软件和 Matlab Compiler 相耦合，实时反馈膜污染结构参数 a_1、a_2 的变化，从而实现对超滤系统的实时调控。

2.6.2　基于超滤膜污染结构参数变化的膜污染控制系统

全自动超滤水处理实验系统利用 STEP 7-Micro/WIN V4.0 编写系统的启动、过滤、反洗、快洗、停止、药洗程序，并下载到 PLC 上，实现系统的恒流/恒压控制，其主要控制算法为 PID 算法。

1. 硬件系统

在系统运行过程中，膜面或膜孔的污染导致压力或流量超出设定范围时，系统将发出声光报警信号，提醒运行人员采取措施，排除故障。如果报警一定时间后，运行人员还未采取相应措施，系统将自动停止运行。硬件控制系统结构示意图如图 2-37 所示。

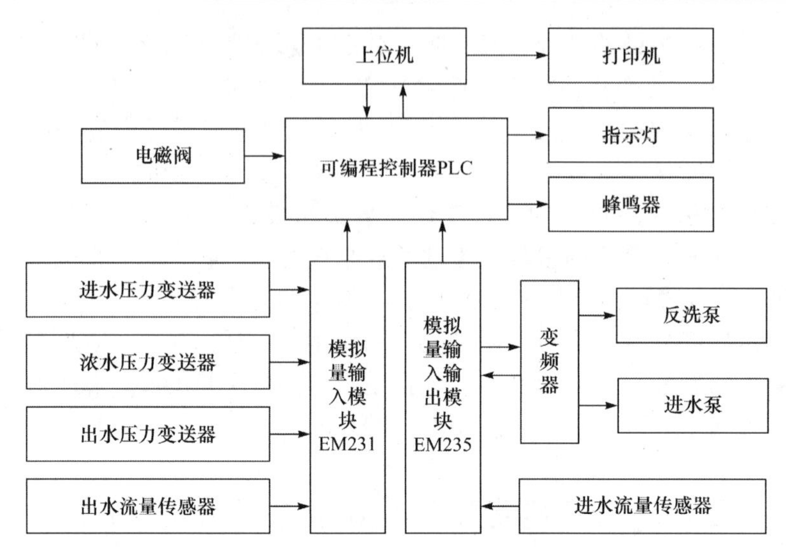

图 2-37 硬件控制系统结构示意图

硬件系统由西门子 S7-200 型 PLC、西门子 EM231 模块、西门子 MMV420 变频器、上位机、若干电磁阀以及流量传感器、压力变送器等组成，监控软件基于 King View6.5 开发而成。

2. 软件系统

软件系统兼容了组态王友好的人机交互界面，具有图形功能完备、界面一致性、通用性好的特点。在组态王软件上绘制主画面、实时数据、参数设置、流量压力曲线、历史报表、报警等界面，实现与 PLC 的连接并调用 Matlab 的程序。Matlab 中包含数据调入、拟合、保存，并可将程序编译成可执行文件，在仅安装有 Matlab Compiler 的工控机上安全、高效地运行和运算。超滤膜处理自动化调控系统的原理如图 2-38。

1) PLC 程序设计

系统控制程序包括主程序和 10 个子程序、3 个中断程序。主程序完成逻辑功能控制以及子程序和中断程序的调用。具体为：SBR0 为初始化子程序；SBR1～SBR3 为 USS 通信协议所需子程序；SBR4 为过滤子程序；SBR5 为快洗子程序；SBR6 为反洗子程序；SBR7 为原水箱液位控制子程序；SBR8 为恒压过滤模式下系统的 PID 控制；SBR9 为恒流过滤模式下系统的 PID 控制；INT0～INT2 为 USS 协议通讯指令所需的中断程序。

2) 通信协议

西门子 S7-200 系列 PLC 有 2 组通讯口。一组通讯口与上位机通讯，采用 PPI 协议；另一组通讯口与变频器通讯，采用西门子的 USS 协议。USS 协议指

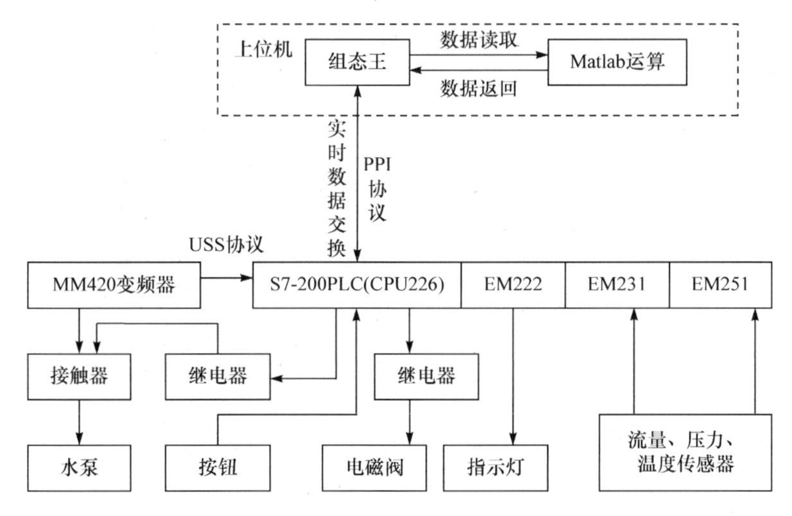

图 2-38　超滤膜处理自动化调控系统原理图

令是 STEP 7-MICRO/WIN32 软件工具包的一个组成部分，通过专为 USS 协议通信而设计的预配置子程序和中断程序，使变频器的控制更为方便。

3) PID 控制

PLC 的 PID 控制既可用 PID 硬件模块实现，也可用软件实现。软件方法是根据 PID 算法编制控制程序或直接调用 PID 指令。S7-200 系列 PLC-CPU226 提供了 PID 运算指令，且其参数设置灵活、使用方便。使用时需在内存填写参数控制表，再执行指令：PIDTABLE，LOOP，程序会按填写的参数自动执行 PID 运算。TABLE 是回路表的起始地址，LOOP 是回路号。

4) 人机界面设计

一个工业过程监控系统，其人机界面的友好性显得至关重要，因为通过它直接和操作人员交流信息。良好的人机界面不仅要直观、生动，还要能准确地实时再现被控对象的真实状态，如阀门的开闭、泵的启停等。

“组态王”是在流行的 PC 机上建立工业控制对象人机接口的一种智能软件包。使用 PC 机开发组态王的系统工程比以往使用专用机开发的工业控制系统更具有通用性，大大减少了工控软件开发者的重复性工作，并可运用 PC 机丰富的软件资源进行二次开发。

该系统设有主界面、压力曲线、流量曲线、参数设置、报警、历史数据报表和说明 7 个界面(图 2-39)。每个界面都可以相互切换。“主界面”用于模拟显示系统运行状态；“报警”界面用于显示系统中报警；历史数据报表界面用于保存、打印报表；“压力曲线”用于显示系统实时、历史压力变化；“流量曲线”用于显示系统实时、历史流量变化；“参数设置”用于设置、选择系统参数。

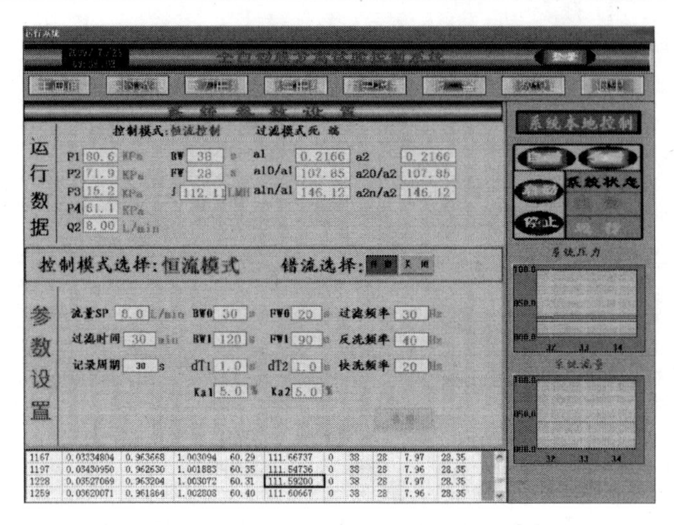

图 2-39　系统界面

2.6.3　基于超滤膜污染结构参数的膜污染控制方法及系统应用

1. 参数及变量设置

通过经验法及实验的方法最终实现了基于膜污染结构参数模型的超滤膜污染调控过程，该自动控制系统的参数确定次序如图 2-40 所示。

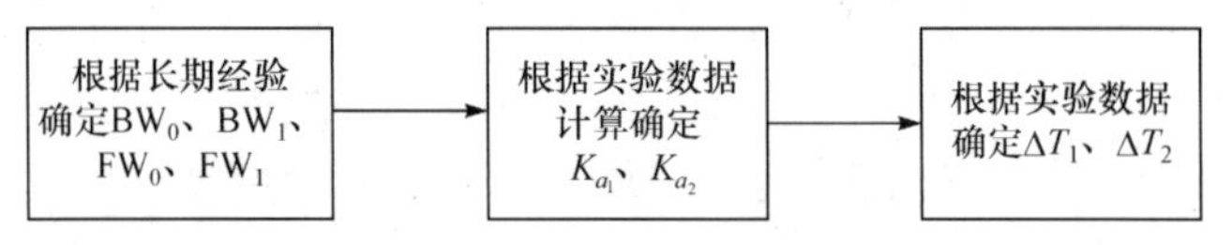

BW_0—反洗时间下限(s)；BW_1—反洗时间上限(s)；ΔT_1—反洗时间增加量(s)；K_{a_1}—膜平均孔径变化系数平均变化率；FW_0—快洗时间下限(s)；FW_1—快洗时间上限(s)；ΔT_2—快洗时间增加量(s)；K_{a_2}—膜孔密度变化系数平均变化率

图 2-40　参数确定次序

首先，收集自动控制系统运行过程中模型拟合所得的曲线，分析其变化规律，进而确定反洗和快洗的时间上限(BW_1、FW_1)和下限(BW_0、FW_0)。由于a_1和a_2只能拟合每一个周期膜污染结构参数的变化，不能及时对膜污染过程进行调整并采取污染控制措施，因此引入两个中间变量K_{a_1}和K_{a_2}。K_{a_1}定义为膜平均孔径变化系数平均变化率，K_{a_2}定义为膜孔密度变化系数平均变化率。其次，计算出每一过滤周期的模型参数与初始条件时模型参数的相对差值。最后，确定反洗和快洗时间增加量ΔT_1和ΔT_2。反洗时间、快洗时间的下限值加上由于水质变化而增加(或维持不变)的反洗、快洗时间，最终得到本次过滤阶段完成后的反洗时间和快洗时间。

2. 基于膜污染结构参数变化模型调试系统 K_{a_1}、K_{a_2} 的确定

根据某污水处理厂近一年的中试实际运行经验,分别确定 BW_0、BW_1、FW_0、FW_1 为 30s、180s、20s、120s。在实际运行第一个过滤周期时拟合得到 a_1 和 a_2 值，接着连续拟合得到一系列 a_1、a_2。

然后再根据所得系列 a_1 值利用公式 $K_{a_1}=\frac{1}{n}\sum_{n=1}^{n}\frac{|a_{1n}-a_{1n-1}|}{a_{10}}$ 计算得到 K_{a_1}，相同方法可以得到 K_{a_2}。

3. 不同预处理混凝剂投加量条件下 ΔT_1 和 ΔT_2 的确定

1) 聚合氯化铝投加量为 50mg/L 时 ΔT_1 和 ΔT_2 的确定

预处理实验条件：聚合氯化铝(polyaluminium chloride，PAC)投加量为 50mg/L、聚丙烯酰胺(polyacrylamide，PAM)投加量为 0.75mg/L，沉淀池表面负荷为 $3m^3/(m^2\cdot h)$，经过调整和修正，确定 ΔT_1=10s，ΔT_2=5s，连续运行 20h，得到对应跨膜压差的增长曲线如图 2-41 所示。

由图 2-41 可以看出，此时跨膜压差在一定范围内(89～95kPa)增长且压差升幅平缓，有利于延长过滤周期。因此当混凝剂 PAC 投加量为 50mg/L，PAM 投加量为 0.75mg/L 时，应设定 ΔT_1=10s，ΔT_2=5s。

2) 聚合氯化铝投加量为 25mg/L 时 ΔT_1 和 ΔT_2 的确定

当调整预处理实验条件为 PAC 投加量为 25mg/L，PAM 投加量为 0.75mg/L，沉淀池表面负荷为 $3m^3/(m^2\cdot h)$时，需重新探索合理的 ΔT_1 和 ΔT_2 的设定值。经反复实验发现，当设定 ΔT_1=14s，ΔT_2=5s 时，连续运行 12h，跨膜压差被控制在 92～102kPa，在较长时间内运行效果良好，跨膜压差变化情况如图 2-42 所示。

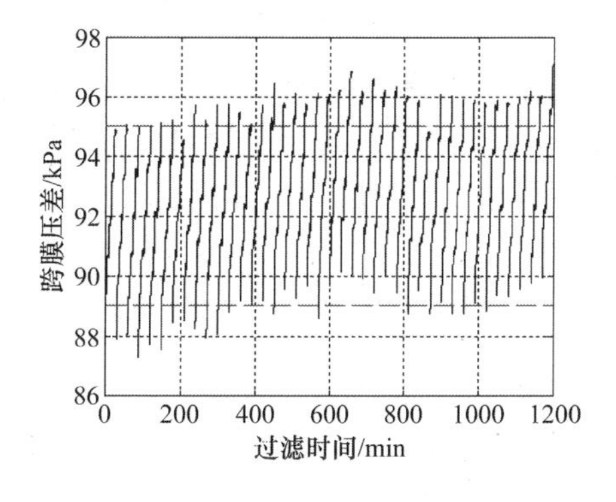

图 2-41　连续运行 20h 跨膜压差变化曲线(ΔT_1=10s，ΔT_2=5s)

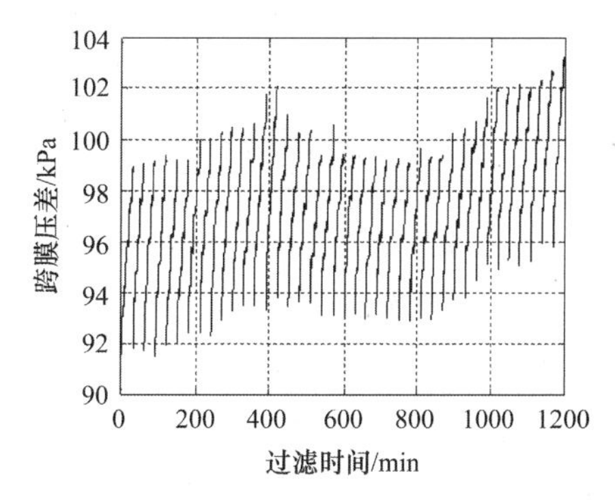

图 2-42　连续运行 12h 跨膜压差变化曲线(ΔT_1=14s，ΔT_2=5s)

综上，基于膜污染结构参数变化模型的自动化调控系统应用研究表明，利用混凝进行预处理，当 PAC 投加量为 50mg/L 时，反洗和快洗最佳时间分别为 ΔT_1=10s，ΔT_2=5s；当 PAC 投加量为 25mg/L 时，反洗和快洗最佳时间分别为 ΔT_1=14s，ΔT_2=5s。此条件下运行水质相对稳定时，超滤运行时跨膜压差仍保持在一定范围内。

4. 调控系统的运行效果

为了继续考察调控系统的优越性，实验进一步研究了使用及未使用膜污染结构参数反馈调控的恒流超滤过程中跨膜压差的变化情况，自动控制系统的操作参数，反洗和快洗时间的变化范围分别为 30～120s 和 20～90s。实验结果如图 2-43～图 2-45 所示。

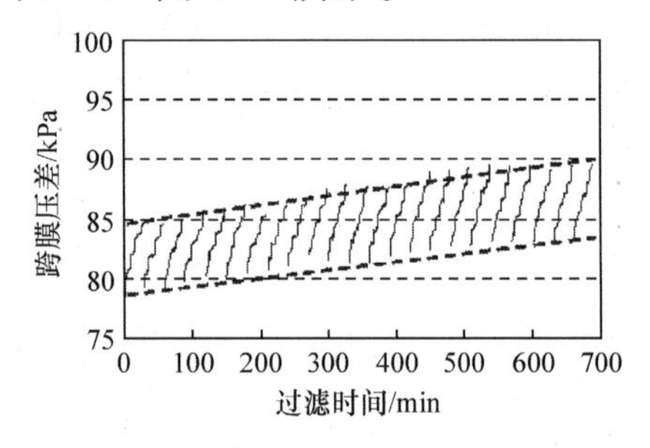

图 2-43　未使用膜污染结构参数反馈调控前的恒流超滤过程

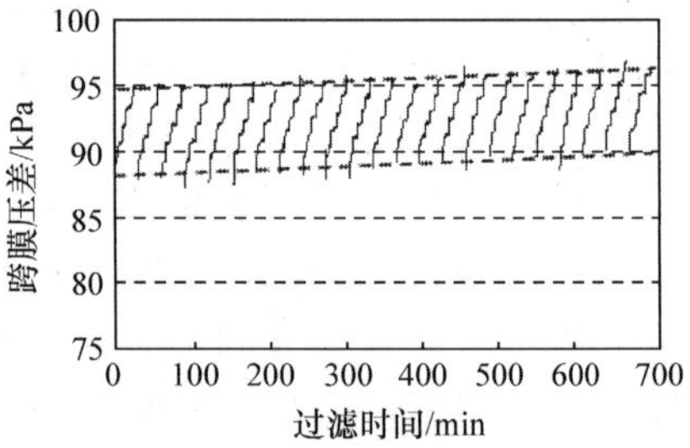

图 2-44　使用膜污染结构参数反馈调控后的恒流超滤过程

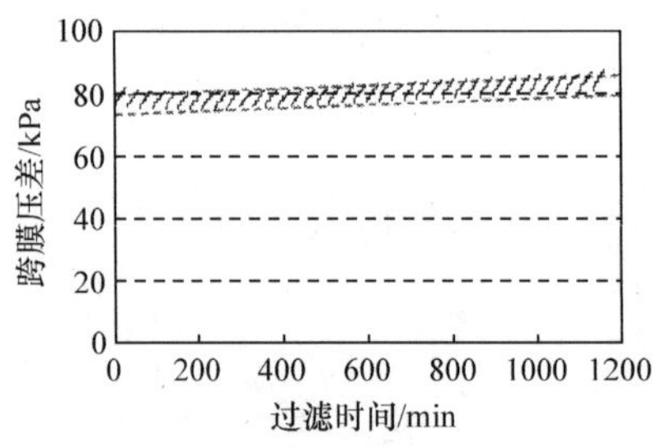

图 2-45　用膜污染结构参数调控二级处理水超滤过程

图 2-43 和图 2-44 结果显示，对比传统宏观调控方法，在采用膜污染结构参数进行反馈调控后，系统根据前一周期中膜平均孔径和膜孔密度两个结构参数的变化情况，实时分析判断膜污染是以膜面污染为主导，还是以膜孔内污染为主导。针对性地自动启用适当时间的反洗或快洗方式后，有效减缓了膜的污染，使系统运行时间提高近 5 倍（图 2-45），大幅度延缓跨膜压差增长速度，使膜的寿命大大延长。

参 考 文 献

范国庆，王磊，王旭东，等，2009. 水质环境条件对恒流超滤过程的影响研究[J]. 环境科学与技术，32(10): 9-12.

王磊, 刘莹, 王旭东, 等, 2005. 用膜污染结构参数模型评价溶解性有机物分子量分布对膜污染的影响研究[J]. 环境工程, 23(6): 81-83, 92.

王磊, 王旭东, 段文松, 等, 2006. 超滤膜污染结构参数的测定方法及透水通量与膜结构关系的模型研究[J]. 膜科学与技术, 26(5): 55-59.

王旭东, 2007. 基于膜结构特征和水中有机物性状的超滤膜污染模型的建立及评价研究[D]. 西安: 西安建筑科技大学.

王旭东, 王磊, 段文松, 等, 2006. 污水深度超滤过程的数学模拟及应用研究[J].水处理技术, 32(7): 20-22, 31.

张伟, 童金忠, 邢卫红, 等, 2000. 陶瓷膜过程强化的数学模拟[J]. 南京化工大学学报, 22(2): 6-11.

DAVIS R H, 1992. Modeling of fouling of crossflow microfiltration membranes[J]. Separation and Purification Technology, 21(2): 75-126.

MASSELIN I, BOURLIER L D, LAINE J M, et al., 2001. Membrane characterization using microscopic image analysis[J]. Journal of Membrane Science, 186(1): 85-96.

SAROJ D P, KUMAR A, BOSE P, et al., 2005. Mineralization of some natural refractory organic compounds by biodegradation and ozonation[J]. Water Research, 39(9): 1921-1933.

SONG L F, 1998. Flux decline in crossflow microfiltration and ultrafiltration: mechanisms and modelling of membrane fouling[J]. Journal of Membrane Science, 139(2): 183-200.

WANG L,WANG X D, 2006a. Study of membrane morphology by microscopic image analysis and membrane structure parameter model[J]. Journal of Membrane Science, 283(1-2): 109-115.

WANG L, WANG X D, CHAI J T, et al., 2006b. Influence of pretreatment on AMWD (apparent molecular weight distribution) of dissolved organics in the secondary effluent and membrane structure parameter model analysis for ultrafiltration[J]. Water Science and Technology: Water Supply, 6(4): 99-106.

YAVICH A A, LEE K H, CHEN K C, et al., 2004. Evaluation of biodegradability of NOM after ozonation[J]. Water Research, 38(12): 2839-2846.

ZHAO C S, ZHOU X S, YUE Y L, 2000. Determination of pore size and pore size distribution on the surface of hollow-fiber filtration membrane: a review of methods[J]. Desalination, 129(2): 107-123.

第 3 章　超滤膜污染机制的微观作用评价

超滤膜污染机理的研究结果表明，在运行初期，水中的污染物与膜材料直接接触，膜与污染物之间的相互作用控制污染物在膜面与膜孔的吸附累积，是影响膜污染行为的主要因素；随着膜面被污染物覆盖，到运行后期，污染物与污染物之间的相互作用成为控制膜污染行为的主要因素。以这些认识为基础，深入探讨膜分离过程中膜-污染物(membrane-foulant)、污染物-污染物(foulant-foulant)之间的作用力及其变化特征，从微观层面揭示膜污染机制，对实现科学运行过程的膜污染调控策略具有重要意义(Basri et al., 2012; Tang et al., 2011; Lee et al., 2006)。

随着原子力显微镜(atomic force microscope, AFM)与特定功能胶体探针(colloidal probe)技术的不断发展，为不同的液相环境中定量测定膜-污染物及污染物-污染物之间相互作用力提供了可能。1998 年，AFM 结合特定功能胶体探针技术被应用到膜污染领域(Bowen et al., 1998)。其后，来自耶鲁大学、北海道大学及神户大学等的膜污染研究者，证实了使用 AFM 结合特定功能胶体探针，定量测定膜-污染物及污染物-污染物之间的相互作用力，是探明膜分离过程中膜污染本质原因较为直观有效的方法之一(Hashino et al., 2011; Yamamura et al., 2008; Li et al., 2004)。

3.1　原子力显微镜及胶体探针技术简介

3.1.1　原子力显微镜概述

AFM 的主要工作原理是利用一段嵌有探针的弹性微悬臂作为信号传感器。在测试过程中，当探针尖端接近样品表面时，针尖尖端材料与样品之间存在的范德瓦耳斯力、静电力、疏水力等物化作用力，通过调节微悬臂与样品表面之间的相对位置来控制微作用力保持恒定，或保持针尖与样品之间的距离恒定，通过光电检测系统检测微悬臂的位置变化，获取所考察样品表面形貌特征或样品表面与探针之间的作用力大小。

AFM 以其原子级的分辨率，无须进行样品预处理，可在空气、真空、液态等不同环境条件下，定量测定探针材料与样品之间的相互作用力的优势，被应用于医药、化学、物理、生物及环境等诸多研究领域。而在膜分离技术领域，AFM 主要应用于膜表面形貌特征研究和膜-污染物、污染物-污染物之间相互作用力的定量测定，是在微观层面解析膜污染机理的有效技术手段。

使用 AFM 实现两种特定物质界面之间相互作用力的定量测定，首先需要将一种物质材料制备成相应的胶体探针，然后使用胶体探针测定探针材料与另一物质之间的作用力。相应材质胶体探针的制备是实现作用力测定的前提，基于不同领域的应用需求，AFM 胶体探针改性技术应运而生。

3.1.2　原子力显微镜胶体探针

Ducker 等(1991)提出，在 AFM 无针尖探针微悬臂自由端黏附材料成分已知的球形微颗粒，得到相应材质的胶体探针，取代传统硅化物探针，实现了微悬臂自由端微颗粒材料与多种样品界面之间的相互作用力的定量测量。

在使用 AFM 特定功能胶体探针进行微观作用力的测定过程中，微悬臂所能承受的变形程度有限，因此用来制备胶体探针的球形微颗粒尺寸大小有一定的限制。结合常用无针尖探针微悬臂的可变形程度，制备胶体探针的材料通常为 1～20μm 的规则球形微颗粒(Butt et al., 2005)。因此，相应材质 1～20μm 的球形微颗粒的获取是制备胶体探针的首要条件。可用来制备胶体探针的微颗粒包括无机材料的胶体颗粒和高分子聚合物材质的规则球形颗粒。关于胶体探针的制备技术，仍然处于发展阶段。

3.1.3　原子力显微镜在膜污染研究领域的应用

在膜分离技术领域，主要通过 AFM 测定膜面形貌特征和微观作用力，用以解析膜污染机制。

在膜形貌特征方面，主要利用 AFM 常规的形貌检测功能，通过膜污染前后膜面粗糙度、膜面孔径、孔密度等膜面形貌特征的变化，解析膜污染行为(Xu et al., 2003; Vrijenhoek et al., 2001)。也有通过该方法考察制膜条件或者化学清洗方式对膜面形貌的影响特征(Kweon et al., 2012; Boussu, 2005)。近年来，AFM 在膜污染领域的主要应用是测定微观作用力。

地表水源水、地下水及海水等待处理水中，膜的潜在有机污染物主要为腐殖酸、蛋白质及脂肪酸等溶解性有机物。羧基官能团是这些污染物中的典型官能团。一些研究者开发了羧基官能团胶体探针，用它代表实际水中引起膜污染的溶解性有机物，测定其与膜材料或其他污染物之间的微观作用力，故羧基胶体探针也是目前膜污染领域应用较为广泛的胶体探针(Li et al., 2004)。

基于多糖类有机污染物富含羟基官能团而开发的羟基官能团胶体探针，也能有效解析实际污染水中多糖类有机物的膜污染行为(Yamamura et al., 2008)。

针对蛋白类膜污染物，开发牛血清蛋白(bovine serum albumin, BSA)胶体探针，用来解析蛋白类有机物的膜污染机制。研究证明，采用测试的微观作用力结果，结合宏观的膜污染实验，是探明膜污染机制的有效手段(Hashino et al., 2011)。

胶体探针开发制备，需要解决以下问题：

(1) 胶体探针的制备装置和使用技术；

(2) 特定膜材料的胶体探针、特定有机污染物的胶体探针及污染物官能团胶体探针的制备技术与方法；

(3) 使用 AFM 自带系统标定所制备的胶体探针的性能，检验其实用性；

(4) 掌握所制备的胶体探针，测定相关的膜-污染物、污染物-污染物之间相互作用力的测定技术。

3.2 AFM 胶体探针制备方法

实现在 AFM 无针尖探针微悬臂自由端黏附 1～20μm 的规则球形微颗粒是 AFM 胶体探针制备技术的核心，也是其难点所在。根据球形微颗粒在无针尖探针微悬臂自由端的黏附机理，胶体探针制备方法分为物理黏附法和熔融烧结法两大类(Butt et al., 2005)。

1. 物理黏附法

物理黏附法是应用广泛、发展成熟的胶体探针制备技术，主要采用环氧树脂、玻璃胶等黏附剂将球形微颗粒黏附于 AFM 无针尖探针微悬臂自由端，得到相应材质的胶体探针(Kauppi et al., 2005; Finot et al., 1999)。

用物理黏附法所得的胶体探针上往往有黏附剂的残留，固化后的黏附剂不易清除。另外，所使用的黏附剂在微颗粒表面扩散吸附，进而污染微颗粒。特别是有机黏附剂，甚至会溶解一些聚合物材料，从而破坏或者改变微颗粒表面的化学性能，影响作用力测定的准确性。

2. 熔融烧结法

熔融烧结法是通过微颗粒的惰性非溶剂，将微颗粒黏附于 AFM 无针尖探针微悬臂自由端，之后在相应微颗粒材料的软化或熔点温度环境中静置一定的时间，待微颗粒与微悬臂自由端的接触部分发生轻微熔融并迅速降温后，固定于微悬臂自由端。由于未引入黏附剂，且在后续的高温环境中非溶剂部分得到了蒸发，最终黏附于微悬臂自由端的材料为纯微颗粒材料，故该方法能有效减小探针针尖与样品表面间作用力测量的误差。

但在微颗粒的软化或熔点温度环境下，控制微米级微颗粒与微悬臂接触部分发生微弱的熔融而实现黏附，在确保球形微颗粒不发生形变及熔化的情况下，实现微颗粒与微悬臂自由端的链接，其操作控制难度大，适用范围窄，仅对低膨胀率、高强度、高硬度、高化学稳定性和在高温下不易变形的特殊材料有一定的可用性。熔点较高的微颗粒材料，在高温下会破坏 AFM 探针的微悬臂，需慎用(Yakubov et al., 2000; Nalaskowski et al., 1999)。

3.3　AFM 胶体探针制备平台的设计与搭建

由于微悬臂尺寸常为 100～200μm，要将直径为 1～20μm 的规则球形颗粒黏附于 AFM 无针尖探针微悬臂的自由端，需具备以下条件：

(1) 需要放大操作视野，使微颗粒及微悬臂可视化，光学显微镜是胶体探针制备的必备辅助设备之一。

(2) 在微颗粒与微悬臂黏附过程中，需不断调节微悬臂与胶体微颗粒的相对位置，使得微颗粒最终黏附在微悬臂自由端的中心，并且确保施加于微悬臂上的作用力在安全范围之内，微悬臂不破损，三维微操作器是探针制备的另一辅助设备。

(3) 针对胶体探针制备装置，必须固定微悬臂，使得微操作器能够控制其三维移动。除可购设备外，探针固定装置需要研究者根据所使用的微操作器特性及所涉及胶体探针制备技术针对性地设计研发。

图 3-1(a)为自行搭建的胶体探针制备平台整体示意图，主要由倒置光学显微镜、L 型探针夹及三维微操作器三部分组成。倒置光学显微镜主要功能是放大操作视野，使得探针制备过程中 AFM 微悬臂及胶体颗粒在显微镜视野中可视化，并实现制备过程的实时监控。L 型探针夹主要用于 AFM 无针尖探针的固定。三维微操作器与 L 型探针夹相连，用于控制 L 型探针夹的三维移动，最终控制安装于 L 型探针夹上的 AFM 无针尖探针微悬臂在三维方向的微米级移动，确保探针制备过程中微悬臂在显微镜视野中的有效操作。

图 3-1(b)为 L 型探针夹示意图，主要由 L 型连接杆和探针台两部分组成。通过固定螺丝将 L 型连接杆的 A 端与三维微操作器相连；为了实现探针台 360°任意角度的旋转，将 L 型连接杆的 B 端与探针台通过螺纹连接，即实现了探针台以 B 端为轴点进行的旋转。探针台端面设有放置 AFM 无针尖探针的探针槽，使用探针槽上端设置的金属簧片固定 AFM 无针尖探针，而簧片由螺丝固定在探针台表面，且簧片以其固定螺丝为轴，可进行 360°旋转。

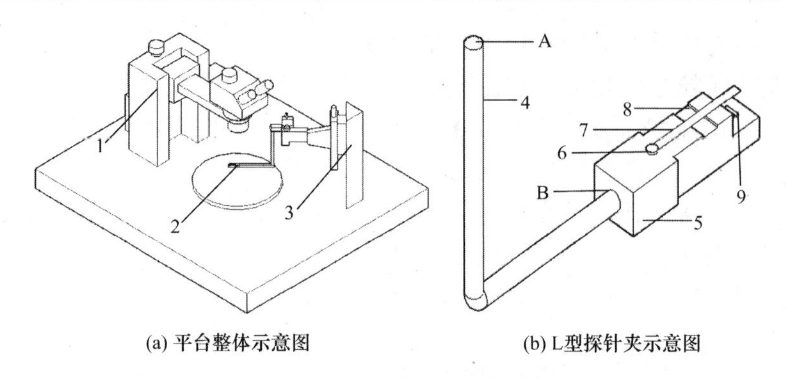

(a) 平台整体示意图 (b) L型探针夹示意图

图 3-1 胶体探针制备装置示意图

1. 倒置光学显微镜；2. L 型探针夹；3. 三维微操作器；4. L 型连接杆；5. 探针台；6. 螺丝；7. 簧片；8. 探针槽；9. I 型铜柱

此外，簧片的延伸端、探针台的末端设置有用以支起簧片的 I 型铜柱，在探针制备完成后，用 I 型铜柱垂直方向顶起簧片，然后旋转移走簧片，避免操作过程中簧片对 AFM 探针表面造成损坏。

自组装的探针制备装置简单快捷、易于操作、成本低，针对超滤膜材料胶体探针制备成品率可达 95%以上。

3.4 AFM 胶体探针的制备

3.4.1 熔融烧结法制备 PVDF 胶体探针

PVDF 膜材料属于高分子聚合物，其热变形温度为 112～145℃。理论上，物理黏附法及熔融烧结法皆可制得 PVDF 胶体探针。但是物理黏附法所使用的黏附剂通常为有机物质，与 PVDF 微颗粒接触后，会在 PVDF 颗粒表面扩散，甚至溶解 PVDF 微颗粒，导致 PVDF 微颗粒表面化学性能发生改变，最终影响作用力测定的准确性。而熔融烧结法可以避免上述物理黏附法的弊端(Miao et al., 2015b, 2014)。

1. 筛分法获取 PVDF 球形微颗粒

直接购买的 PVDF 超滤膜材料呈球形颗粒状，但 1～20μm 球形颗粒含量很少，需要将其中小尺寸的球形颗粒用 100 目的筛网分离出来。得到的直径小于 150μm 的 PVDF 颗粒，用于 PVDF 胶体探针的制备。

2. 制备 PVDF 胶体探针

(1) 将筛网分离的适量小粒径 PVDF 微颗粒移至一干净的载玻片表面。用氮气沿剪切方向“吹脱”移走载玻片表面较大尺寸的 PVDF 颗粒，小尺寸的 PVDF 颗粒黏附于载玻片表面。同时，使得小尺寸 PVDF 微颗粒均匀分散于载玻片表面，以便后续探针制备时，单个 PVDF 微颗粒的黏附操作。

(2) 使用探针专用镊子将新的 AFM 无针尖探针安装于图 3-1 中 L 型探针夹上设置的探针槽内，用簧片固定，并将 L 型探针夹与三维微操作器相连。

(3) 移取 5μL 甘油(PVDF 非溶剂)于另一干净的载玻片表面，将载玻片置于显微镜视野中，并找到甘油液滴。

(4) 以图 3-1 中的 L 型连接杆 B 端为轴，将探针台旋转 180°，使探针槽所在平面朝下；通过三维微操作器控制探针微悬臂自由端与甘油液滴的相对位置，控制探针的上下移动，在微悬臂自由端黏附适量甘油；在 400 倍视野中，使甘油量以润湿微悬臂的自由端为宜。

(5) 将粘有适量甘油的无针尖探针移离显微镜视野，再将载有 PVDF 颗粒的载玻片移至显微镜视野中，选定适合尺寸的“目标”PVDF 微颗粒，通过微操作器调控粘有甘油的微悬臂自由端与“目标”PVDF 微颗粒之间的相对位置，将“目标”PVDF 微颗粒黏附于无针尖探针微悬臂自由端。然后将 PVDF 微颗粒挪移至微悬臂自由端的中心位置。

(6) 以 L 型连接杆 B 端为轴，将探针台再次旋转 180°，使得探针槽所在平面朝上；用 I 型铜柱顶起簧片，将簧片水平旋转 90°后，用探针专用镊子取下粘有 PVDF 微颗粒的 AFM 探针，在 112～145℃的真空烘箱中静置 20～30min，在此过程中 PVDF 微颗粒不断软化并黏附于微悬臂自由端。

(7) 取出 PVDF 胶体探针在室温下静置 1～2h，用超纯水充分漂洗探针，得到 PVDF 胶体探针，并将其置于 AFM 探针专用包装盒内，待进行性能检验。

图 3-2 为用该方法制备的直径分别为 5μm、6μm 及 7μm 的 PVDF 胶体探针 SEM 图。

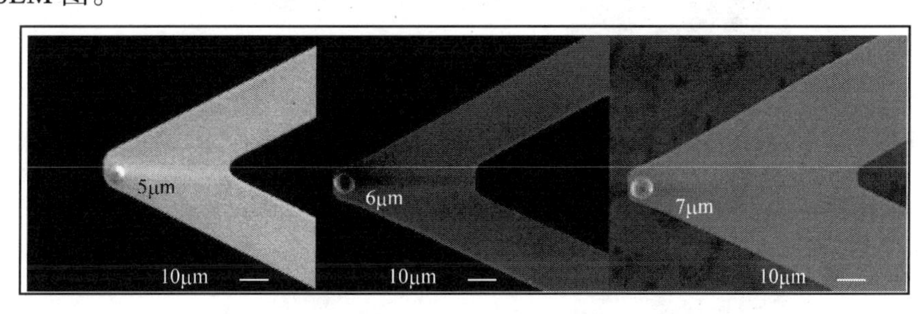

图 3-2　几种不同直径 PVDF 胶体探针的 SEM 图

3.4.2　吸附法制备有机物胶体探针

基于溶解性有机物在 PVDF 高分子聚合物表面的吸附性能，通过吸附法制备典型模拟有机物污染胶体探针和实际污染水中复杂有机物胶体探针，方法如下：

(1) 选取宏观超滤膜过滤试验所使用的模拟有机物溶液或实际污染水的复杂有机物溶液，待用；

(2) 将熔融烧结法制备的 PVDF 胶体探针安装于 AFM 液体池回路系统，并将液体池回路系统安装于 AFM 设备中；

(3) 用选定的有机物溶液充分润洗液体回路池，然后在液体回路池中充满相应的有机物溶液；

(4) 通过 AFM 软件控制系统，使 PVDF 胶体探针向下移动，并使探针微悬臂自由端的PVDF微颗粒完全浸渍于液体池的有机物溶液中，通过成像系统，实时监测探针与有机物溶液的相对位置；

(5) 在 4℃的环境温度下，保持微颗粒在有机物溶液中浸渍 8～18h，PVDF 微颗粒表面即被吸附的相应有机物覆盖，得到对应的有机物胶体探针。

图 3-3 为干净的 PVDF 胶体探针及使用吸附法制备的 HA-有机物胶体探针的二维及三维表面形貌。吸附腐殖酸之后，PVDF 表面粗糙度（Ra）从 87.3nm 增大到 167nm，增加近一倍，这是因为大分子 HA 吸附在 PVDF 微颗粒表面，致使 PVDF 表面形貌起伏，相应粗糙度增大。同时，这也说明腐殖酸分子有效吸附在 PVDF 表面。其他如蛋白质、海藻酸及复杂溶解性有机物等胶体探针，可用相同的技术方法制备。

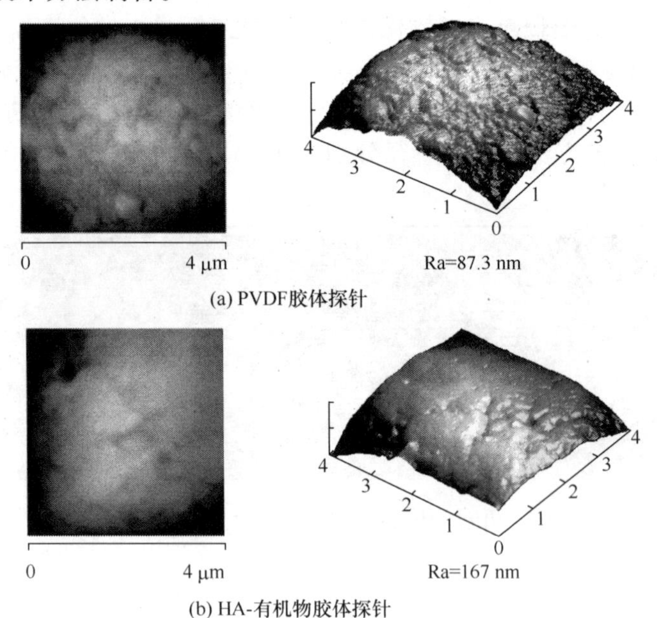

图 3-3　PVDF 胶体探针及 HA-有机物胶体探针的二维及三维表面形貌图

3.4.3　物理黏附法制备羧基官能团胶体探针

物理黏附法制备羧基胶体探针的技术步骤如下。

(1) 将适量 3.5μm 或 5μm 的羧基胶体颗粒移至干净的载玻片表面，用干净的氮气在载玻片表面剪切方向“吹洗”，使得羧基微颗粒均匀分散于载玻片表面。

(2) 用探针专用镊子将 AFM 无针尖探针安装于 L 型探针夹上设置的探针槽内，固定后，将 L 型探针夹与三维微操作器相连。

(3) 将 5μL 黏附剂置于干净的载玻片表面，后置于显微镜视野中，在显微镜视野中找到黏附剂液滴。

(4) 以 L 型连接杆 B 端为轴，将探针台旋转 180°，使得探针槽所在平面朝下；通过三维操作器控制无针尖探针在显微镜视野中的三维移动，调节无针尖探针微悬臂自由端与黏附剂的相对位置，在 400 倍视野下，使黏附剂润湿微悬臂自由端。

(5) 将载有羧基颗粒的载玻片移至显微镜视野中，选定“目标”羧基颗粒。再通过微操作器控制无针尖探针在显微镜视野中的三维移动，调节微悬臂自由端与“目标”羧基颗粒之间的相对位置，黏附剂将“目标”羧基颗粒黏附于无针尖探针微悬臂自由端。控制微悬臂移动，通过羧基颗粒与载玻片表面的摩擦力将羧基颗粒挪移至微悬臂自由端的中心位置。

(6) 以 L 型连接杆 B 端为轴，将探针台旋转 180°，使探针槽所在平面朝上；用 I 型铜柱顶起簧片，使其水平旋转 90°，再用探针专用镊子取下羧基胶体探针，将其置于紫外灯照射区域内修复 20min。

(7) 将羧基胶体探针置于 AFM 探针专用包装盒内，在 4℃的冰箱中静置储存一周以上，即得到羧基胶体探针。

图 3-4 为物理黏附法制备的羧基官能团胶体探针的 SEM 图。

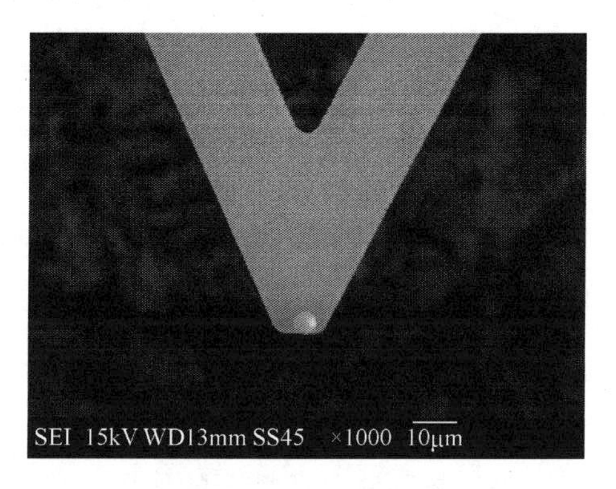

图 3-4　物理黏附法制备的羧基官能团胶体探针 SEM 图

3.5　AFM 胶体探针使用性能检验分析

1. AFM 胶体探针使用性能参数与检验方法

使用前需要对相应胶体探针的使用性能进行检验。微悬臂弹性系数是 AFM

胶体探针使用性能的主要检验参数(Butt et al., 2005)。微悬臂弹性系数的具体定义是：AFM 胶体探针微悬臂发生单位距离的形变量时，需要在微悬臂自由端所施加的作用力大小。

AFM 仪器自带系统可直接测定所制备胶体探针的弹性系数：在探针微悬臂自由端施加已知的作用力(F)，检测微悬臂的变形量(Z)，由此可得微悬臂的弹性系数 $k=F/Z$。该方法不用考虑微悬臂质量、成分、涂覆层材料等参数因素，所标定的探针微悬臂弹性系数误差小于 10%(Butt et al., 2005)。

2. AFM 胶体探针使用性能标定

为避免环境温度对胶体探针弹性系数标定的影响，涉及的胶体探针弹性系数的测定皆在 23℃下进行。在作用力测定前，要进行胶体探针的弹性系数标定，具体标定方法为：

(1) 将胶体探针安装于 AFM 系统，利用探针弹性系数校正软件，检测相应胶体探针的共振频率。出现明显的共振频率峰值时，则认为胶体探针性能良好。

(2) 设定环境温度，通过软件自动标定胶体探针的弹性系数，重复多次，取平均值(偏差小于 5%)，即获得相应探针的弹性系数。

3.6　超滤膜污染微观作用力测定方法

3.6.1　微观作用力表述

分子之间同时存在着静电力、范德瓦耳斯力、氢键力等多种作用力。分子间的黏附力是分子间诸多作用力的综合体现。用 AFM 结合特定功能胶体探针可实现膜-污染物及污染物-污染物之间黏附力的定量测定。把与一界面结合的微颗粒从界面移走所需要的作用力称为黏附力(F)(Li et al., 2004)，其计算公式为

$$F = 2\pi R W(\infty) \tag{3-1}$$

式中，F 是微颗粒与一固体界面之间的黏附力，N；R 是微颗粒半径，m；$W(\infty)$ 是将微颗粒从一界面移走时，单位面积上所需要的能量，N/m。

黏附力的大小与微颗粒半径成正比关系。为避免作用力测试过程中，胶体探针尺寸不同导致的黏附力大小差异，通常采用黏附力(F)与胶体探针微悬臂自由端微颗粒半径(R)的比值 F/R 进行试验结果的比较。

在 AFM 作用力测定过程中，将所使用的探针微悬臂向上发生形变用“正值”代表。相反，探针微悬臂向下发生形变用“负值”代表。测定结果的“正”与“负”仅体现作用力的方向性，与作用力的大小没有直接关系。

以 PVDF 胶体探针定量测定膜-污染物之间的黏附力；以污染物探针测定污染物-污染物之间的黏附力，微观作用力测试模型示意如图 3-5 所示。

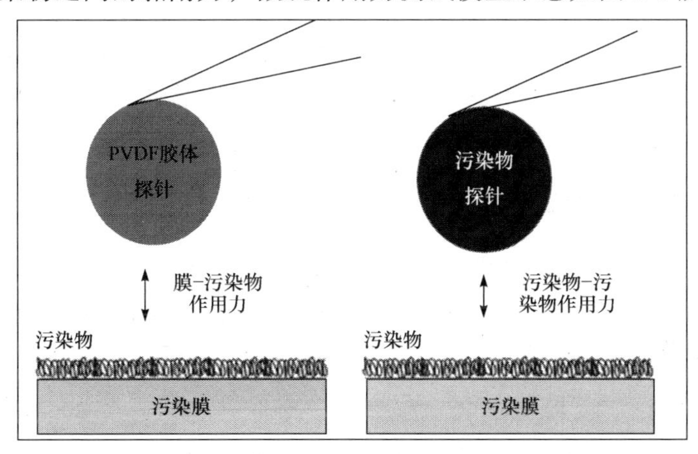

图 3-5　微观作用力测试模型示意图

3.6.2　微观作用力测定方法

使用 AFM 液体池回路系统，在液相环境中进行胶体探针与样品表面间黏附力的定量测定：

(1) 针对特定的有机污染物，进行相应有机物溶液的超滤膜过滤实验，待膜通量趋于稳定，膜表面被有机物完全覆盖且形成完整的有机物污染层后，将受污染膜置于相应的有机污染物溶液中，待用。

(2) 将被污染膜放置于 AFM 液体池底部，被有机物污染的膜表面向上，随后将所需要的胶体探针安装于测试系统，使用选定的测试溶液润洗回路，并与宏观过滤的环境保持一致。

(3) 设置参数后，在“接触”模式下，进行胶体探针与污染膜表面有机物之间黏附力的测试。为了减小实验误差，每个样品在至少 6 个不同的区域点进行力的测定，每个点重复测定 10 次以上，使用 Nanoscope Analysis 软件获取黏附力曲线及相应黏附力数据。

胶体探针使用前后均要在显微镜下进行完整性检测以确保试验数据的准确性。

3.7 典型溶解性有机物对 PVDF 超滤膜污染的微观作用力评价

以城市二级处理水、地表水等水中的溶解性有机物如多糖类、蛋白类及腐殖质类为典型代表，从微观层面考察各污染物与膜及污染物间的微观作用力，分析膜污染微观作用力与宏观膜污染行为、污染层结构特征及膜通量恢复性能的关联性，为膜污染防治对策的选定提供一定的依据(Wang et al., 2013)。

3.7.1 典型有机物对超滤膜的宏观膜污染行为特征

以 SA、BSA 及 HA 分别代表多糖类、蛋白类及腐殖类有机污染物，研究三类有机污染物对 PVDF 超滤膜的污染行为。比膜通量衰减结果见图 3-6。

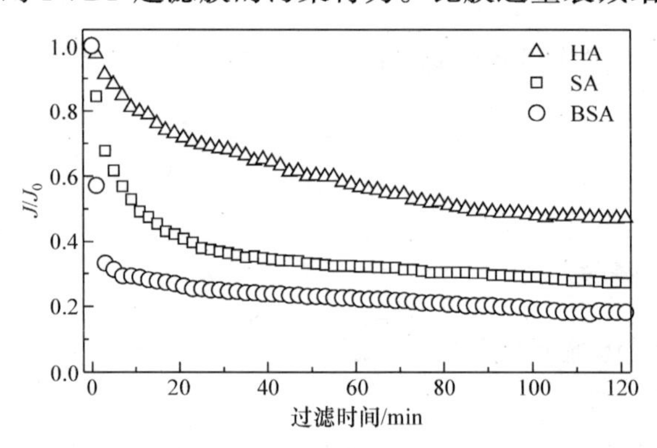

图 3-6 受 HA、BSA 及 SA 污染膜的比膜通量(J/J_0)随时间的变化情况

膜通量衰减主要发生在运行初期，当运行时间超过 60min，各种污染物所对应的膜通量逐渐趋于稳定。在运行初期，污染物迅速在膜表面及膜孔壁吸附，使得膜通量急剧下降；经过一个过渡期，污染层逐渐形成，膜通量逐渐趋于稳定。但是，不同污染物形成的污染层结构并不相同，导致了不同污染膜最终的稳定通量的差异。

3.7.2 典型有机物超滤膜面污染层结构特征分析

1. 污染层结构特征与相应污染膜稳定通量的关系

干净的 PVDF 膜及分别受 HA、SA、BSA 污染膜的二维及三维 AFM 表面形貌结构见图 3-7。可以看出：

(1) 表面形貌显示，图 3-7(a)所示的干净 PVDF 超滤膜具有均匀多孔的表面结构，而被 HA、SA 及 BSA 三种污染物污染后的 PVDF 膜表面皆有明显的污染层形成。图 3-7(b)和图 3-7(c)的膜面污染层较松散，具有多孔结构；图 3-7(d)所示 BSA 污染膜表面密实度大。

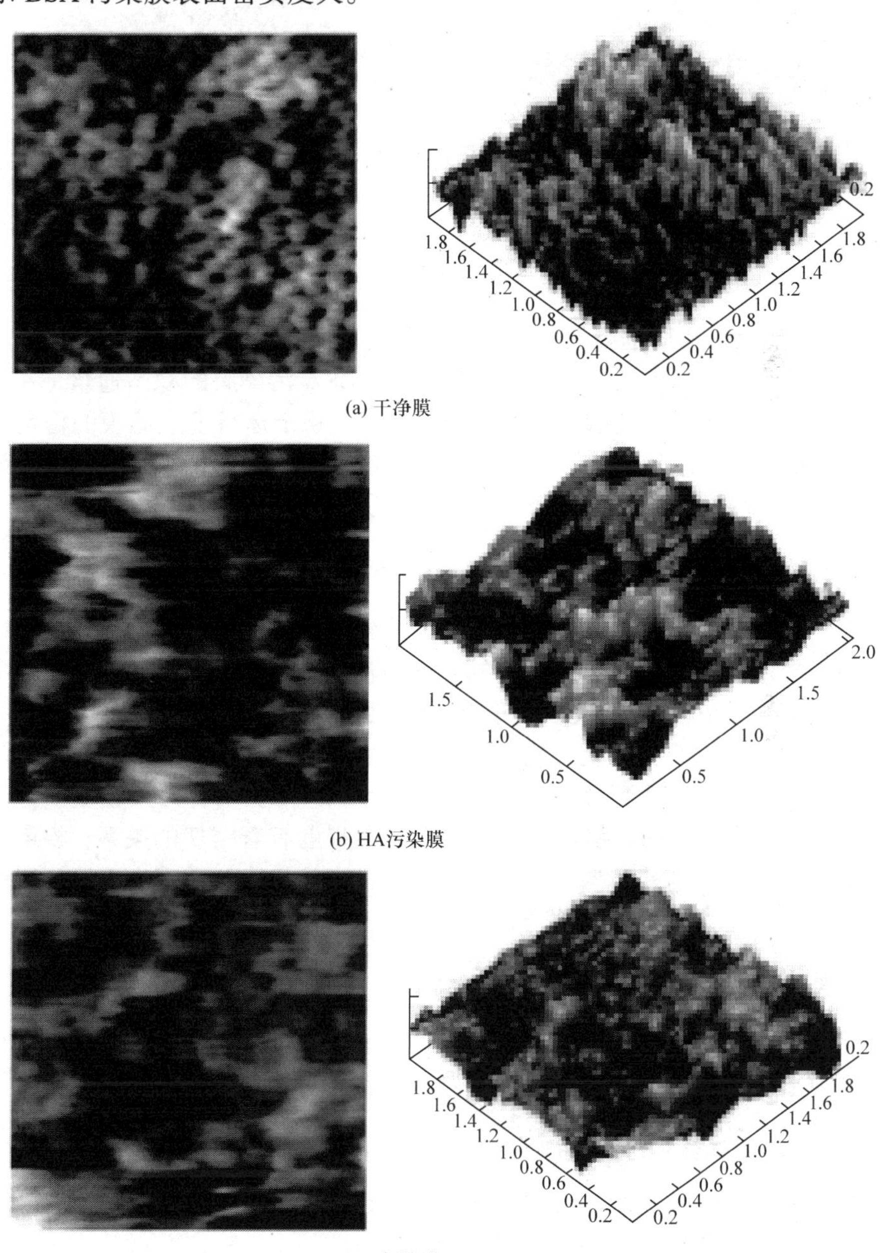

(a) 干净膜

(b) HA污染膜

(c) SA污染膜

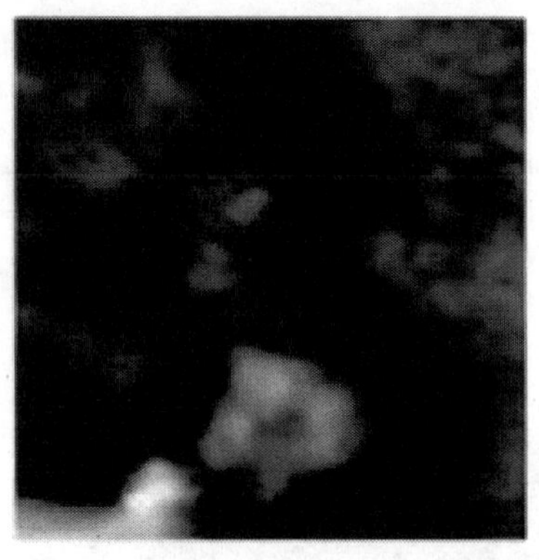

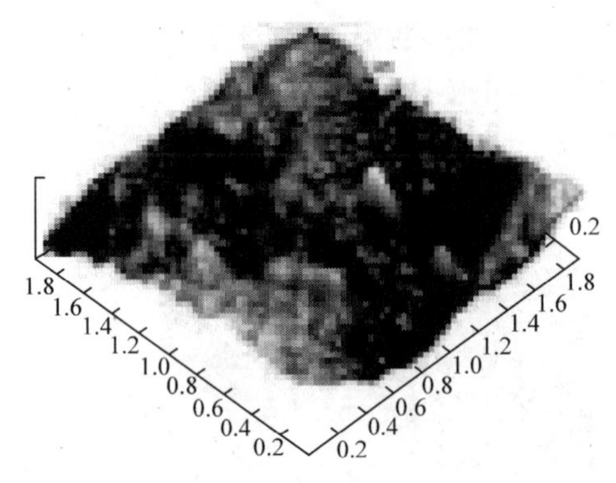

(d) BSA污染膜

图 3-7　干净膜及受 HA、SA、BSA 污染 PVDF 超滤膜的二维及三维 AFM 表面形貌图

(2) 对比污染比膜通量衰减情况(图 3-6)，分离膜运行后期，HA 污染膜的稳态通量最大，其污染层结构最为疏松多孔；BSA 污染膜的稳态通量最小，其污染层结构最为致密。说明污染层越疏松多孔，稳定运行期超滤膜的稳定通量越大；反之，污染层越密实，超滤膜的稳定运行稳定通量越小。因此，污染层结构对超滤膜稳定运行阶段的膜通量控制至关重要。

2. 污染层表面粗糙度与其结构特征的关系分析

与干净的 PVDF 超滤膜相比，任一种污染膜的表面粗糙度明显增大，即污染膜的表面粗糙度明显大于干净膜的表面粗糙度。这是因为随着过滤的进行，大分子量有机物在膜孔及膜表面不断吸附累积，致使超滤膜表面被有机物覆盖，而有机大分子的存在使得膜表面起伏较大，即相应粗糙度明显增大。

三种污染膜的表面粗糙度大小为：BSA<SA<HA。结合污染膜表面形貌分析发现，污染膜的表面粗糙度与污染层的疏散程度有着密切的关系：松散的污染层表面存在较多的孔结构，致使膜面起伏较大，相应粗糙度大，污染膜稳定通量也大。反之，污染层越致密，其表面粗糙度越小，稳定通量越小。

3.7.3　典型有机物超滤膜污染机理微观作用力评价

图 3-8 是 PVDF-SA、PVDF-HA、PVDF-BSA、SA-SA、HA-HA 及 BSA-BSA 之间的典型黏附力曲线，以及相应黏附力的概率分布图。

1. PVDF-有机物之间微观作用力测试结果分析

图 3.8(a)为 PVDF-有机污染物之间的典型黏附力曲线。所测的 PVDF 超滤膜与 HA、SA、BSA 间的作用力的平均值(0.36mN/m、1.02mN/m、0.74mN/m)

与相应的概率分布区间(0.3mN/m、1.3mN/m、0.7mN/m)相吻合(图 3-8(a))。

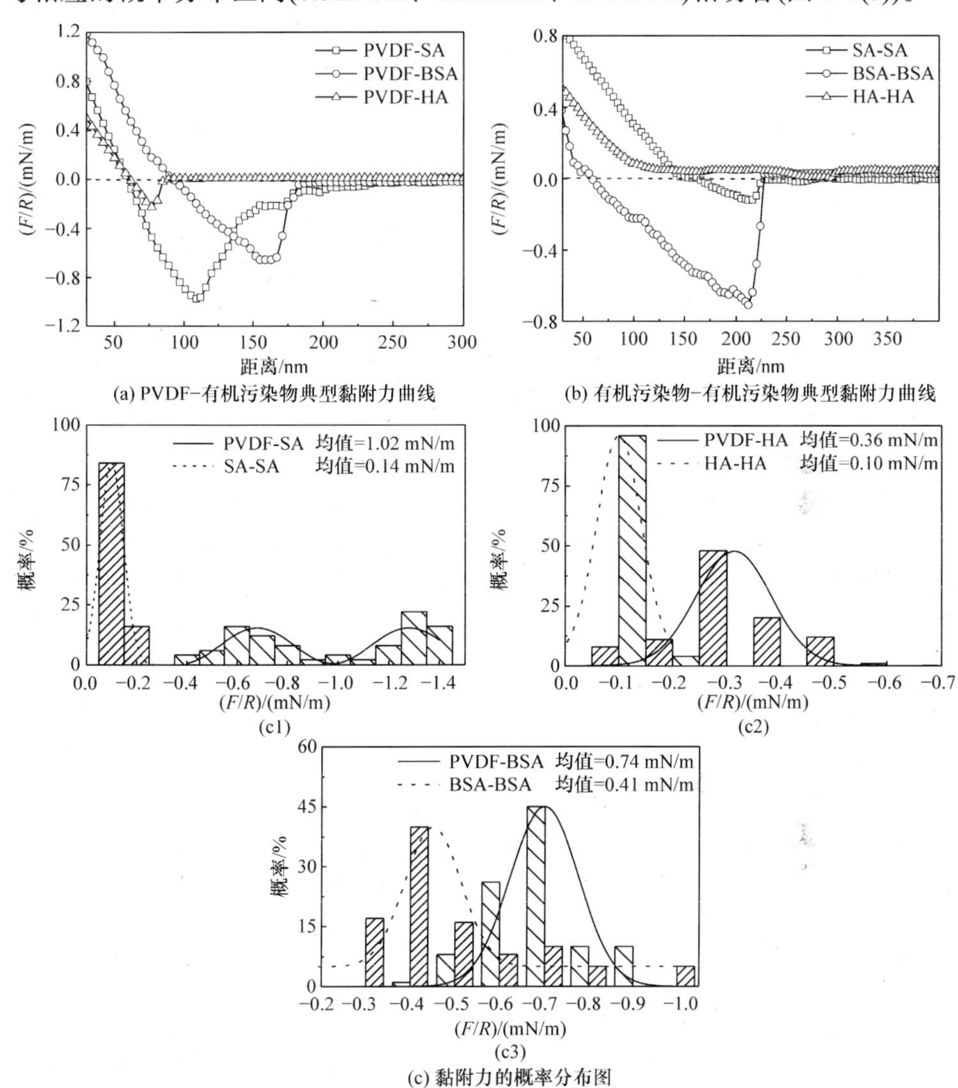

(a) PVDF-有机污染物典型黏附力曲线　(b) 有机污染物-有机污染物典型黏附力曲线

(c) 黏附力的概率分布图

图 3-8　PVDF-有机污染物及有机污染物-有机污染物典型黏附力曲线及黏附力的概率分布图

结合运行初期各污染膜通量衰减速率及衰减幅度，认为超滤膜与有机污染物间的作用力是影响运行初期膜污染行为的主要因素。

(1) 亲水性有机物(SA)与膜间的黏附力大于疏水性污染物(HA)的作用力，故初期 SA 污染膜的通量衰减大。亲水性的有机物与膜表面的结合能力更强，更容易引起膜污染。

(2) 分子量大的污染物(BSA)会导致运行初期污染膜通量衰减加剧。

(3) 膜与污染物间黏附力大的初期通量衰减速率及衰减幅度大。

针对 PVDF 超滤膜，待处理废水中的多糖类亲水性物质是引起运行初期膜污染的优势有机物。

2. 有机物-有机物之间微观作用力测试结果分析

随着运行时间的进行，膜面会被有机污染物完全覆盖，有机污染物之间的作用力将成为控制超滤膜污染行为的主导因素。

不同有机污染物的 Zeta 电位是影响污染物间作用力大小的关键因素，Zeta 电位小的有机物，其分子间的相互黏附力大。有机污染物间黏附力越大，对应污染膜稳定通量越小，且污染层越致密；反之，黏附力越小，相应污染膜稳定通量越大，且膜面污染层呈疏松多孔结构。

可见，污染物间的作用力控制污染层的结构特征，而污染层的结构特征是决定稳定运行期膜通量的主要因素，即污染物间作用力大小是控制稳定运行期膜通量大小的直接因素。因此通过合适的预处理方式，针对性地降低污染物之间的相互作用力，是提升稳定运行期膜通量的有效手段之一。

3. PVDF 超滤膜污染微观作用力综合评价

比较 PVDF-有机污染物之间作用力与有机污染物-有机污染物之间作用力后，认为：

(1) 膜-有机物之间的作用力皆大于相应有机物-有机物之间的作用力。污染物过滤试验亦表明，运行初期的膜通量衰减速率及衰减度远远大于运行后期的通量衰减速率及衰减度。因此，膜-污染物之间的作用力是决定超滤膜污染的主导因素。

通过采用特定的膜面改性技术，针对性地削弱污染物与膜面的作用力，对控制超滤膜有机物污染至关重要。然而当膜表面被污染物完全覆盖，污染物-污染物之间的相互作用则取代膜-污染物之间的作用，开始控制膜污染行为。

(2) 有机物对超滤膜的污染过程分为不同阶段：运行初期，控制膜污染的是膜-污染物之间的相互作用，污染物与膜之间相互作用引起了污染物在膜表面及膜孔内的迅速吸附，导致膜通量急剧下降。

过渡时期，随着污染物在膜表面的沉积，控制膜污染的是膜和污染物及污染物和污染物之间的相互作用力，膜通量衰减仍然在进行，但是已经趋于平缓。

运行后期，随着污染物在膜面的不断吸附累积，膜面最终被污染物完全覆盖，污染物之间的相互作用完全取代了膜-污染物之间的相互作用，污染层逐渐形成，膜通量逐渐趋于稳定状态。

简言之，在整个运行过程中，膜-污染物之间的相互作用扮演着控制运行初期膜污染行为的角色。污染物-污染物之间的相互作用力扮演着控制稳定运行期膜污染行为的角色，是影响膜污染行为的主要因素。

(3) 采用相同的清洗方式，有机污染物之间的相互作用力越小，相应污染膜通量恢复率越大，即有机污染物之间的作用力与相应污染膜通量恢复率呈反比关系。其原因是，污染物之间的作用力越小，对应污染层结构越容易被冲洗时水力作用能破坏，膜通量越易恢复；而污染物-污染物之间作用力越大，污染层结构越不易被破坏，膜通量越不易恢复。因此，污染物-污染物间作用力的大小与超滤膜不可逆污染幅度密切相关。

3.8　无机盐含量对超滤膜有机物污染影响的微观作用力机制评价

膜污染受到水质参数、水力条件及膜性能等诸多外界复杂因素的影响。水中普遍存在的 Ca^{2+}、Mg^{2+}、K^{+}及 Na^{+}等无机阳离子是影响有机膜污染行为的关键因素之一(Shi et al., 2014；Costa et al., 2006)。当无机离子与溶解性有机物共存时，极易与有机物中的氨基、羧基及羟基等官能团发生络合、中和、电荷屏蔽等作用，进而改变膜-有机物及有机物-有机物之间的相互作用，从而影响有机物对超滤膜的污染行为(Sutzkover-Gutman et al., 2010；Abrahamse et al., 2008)。

宽范围无机盐离子含量情况下，有机污染物带电性能及离子种类对超滤膜污染行为的影响研究，特别是高离子含量条件下膜污染机理的探索，为超滤膜在含盐废水的处理应用提供支持(Miao et al., 2017；Miao et al., 2015a)。

3.8.1　离子强度对超滤膜有机物污染的微观作用力影响评价

以 BSA 为代表性有机物，调整溶液 pH 获得 BSA 不同的带电性。在 BSA 带正电荷(pH=3.0)、电中性(pH=4.7)及带负电荷(pH=9.0)的条件下，进行超滤试验，考察 PVDF 超滤膜污染行为，以及 PVDF-BSA、BSA-BSA 间的作用力随离子强度的变化特征。

1) BSA 带不同电荷条件下，PVDF 超滤膜比膜通量变化特征

在 BSA 带正电荷条件下(图 3-9(a))，随着离子强度增大，PVDF 超滤膜比膜通量衰减速率及衰减幅度增大，其膜污染速率及污染幅度也逐渐增大。

在 BSA 电中性时(图 3-9(b))，当离子强度达到 1mmol/L 后，膜污染速率及污染幅度受离子强度增大的影响减缓。

在 BSA 带负电荷时(图 3-9(c))，随着离子强度的增大，比膜通量衰减速率

及衰减幅度呈现先增大后减小的趋势。

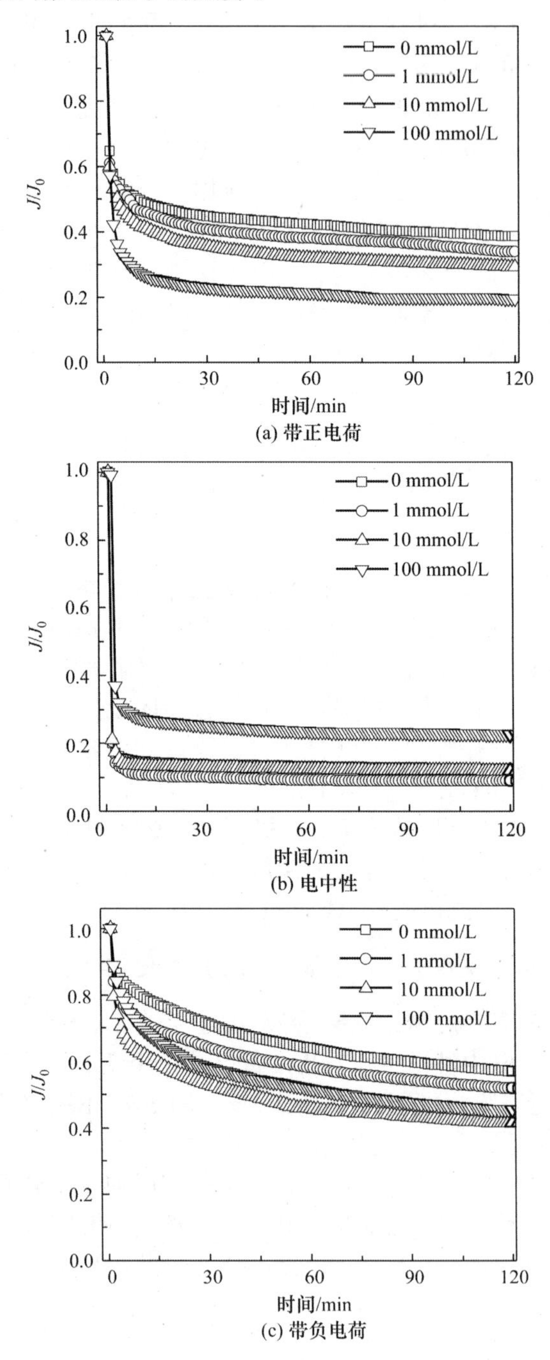

图 3-9　BSA 带不同电荷时 PVDV 超滤膜比膜通量随离子强度的变化

2) BSA 带不同电荷条件下，膜污染微观作用力变化特征

(1) BSA 带正电荷条件下，PVDF-BSA 及 BSA-BSA 间的黏附力随离子强度的变化如图 3-10 所示。

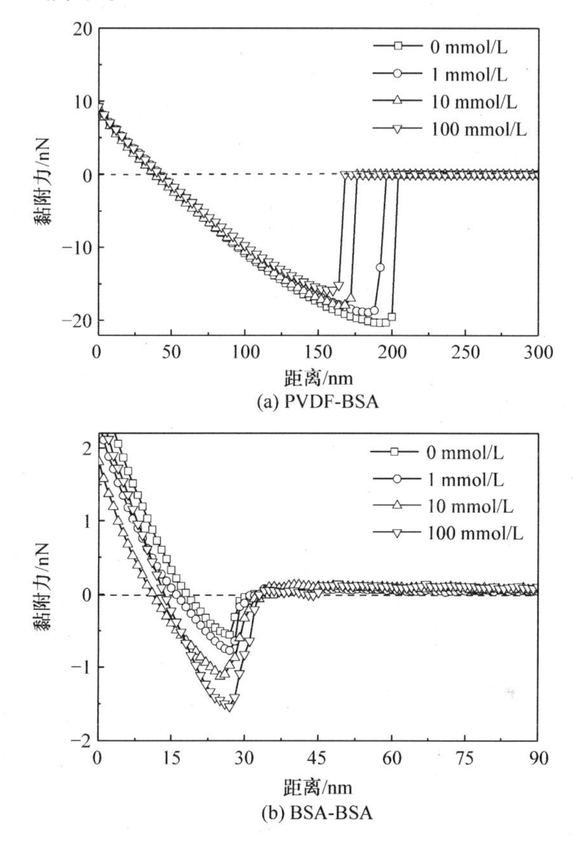

图 3-10　BSA 带正电荷(pH=3.0)条件下 PVDF-BSA 及 BSA-BSA 间的黏附力随离子强度的变化

在 pH=3.0 条件下，BSA 带正电荷，PVDF 超滤膜带负电荷，电荷屏蔽作用削弱了二者之间的静电吸引力，导致 PVDF-BSA 之间的作用力逐渐减小；而 BSA-BSA 之间存在静电排斥力，随着离子强度的增大，静电排斥力逐渐减小，导致 BSA-BSA 间作用力逐渐增大。因此，在 BSA 带正电荷条件下，随着离子强度的增大，PVDF-BSA 及 BSA-BSA 之间相互作用力的变化遵循 DLVO(Derjaguin-Landau-Verwey-Overbeek)理论(Wang et al., 2011; Mo et al., 2008)。DLVO 理论认为，水中胶体物质的稳定性取决于胶体之间的范德瓦尔斯力和静电排斥力，若斥力大于吸引力则胶体稳定，反之不稳定。

对照过滤试验，相应的 PVDF 超滤膜通量衰减速率和衰减幅度也在增大，

即在 BSA 带正电荷条件下，随离子强度而增大。污染物间的相互作用在增强，逐渐成为控制膜污染的主导。

(2) BSA 电中性条件下，PVDF-BSA 及 BSA-BSA 间的黏附力随离子强度的变化如图 3-11 所示。

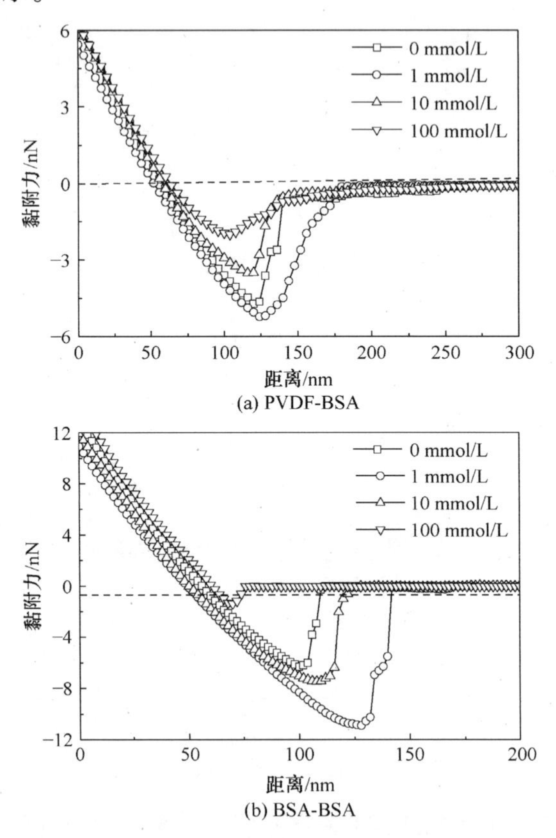

图 3-11　BSA 电中性(pH=4.7)条件下 PVDF-BSA 及 BSA-BSA 间的黏附力随离子强度的变化

与 BSA 带正电荷时不同，在 BSA 等电点时，随着离子强度的增大，PVDF-BSA 及 BSA-BSA 之间相互作用力的变化出现与 DLVO 理论相异的情况。以离子强度 1mmol/L 为拐点，作用力皆呈现先增大后减小的趋势。

BSA 在等电点时，表面带有少量负电荷，而 PVDF 膜面仍带负电荷，这时随着离子强度的增大，PVDF 超滤膜及 BSA 所带净电荷逐渐减小，使 BSA 带电量逐渐趋于 0。

当离子强度从 0 增大到 1mmol/L 时，静电排斥力的减小导致 PVDF-BSA 及 BSA-BSA 之间的作用力随离子强度的增大而增大，使污染物在膜面的吸附累积速率加快，膜污染加剧。

但是，当离子强度继续增大到 10mmol/L 和 100mmol/L 时，PVDF-BSA 及 BSA-BSA 之间作用力随着离子强度增大而减小。这是因为随着离子强度的继续增大，BSA 逐渐趋于电中性状态，PVDF-BSA 及 BSA-BSA 之间的静电作用力非常微弱，且随着水合 Na^+在膜面及 BSA 表面的不断吸附累积，水合排斥力在逐渐增强，有效削弱了 PVDF-BSA 及 BSA-BSA 之间的作用力，导致 BSA 在 PVDF 超滤膜面的吸附累积速率减缓，膜污染减缓(Wang, 2013; Parsegian et al., 2011)。

(3) BSA 带负电荷条件下，PVDF-BSA 及 BSA-BSA 间的黏附力随离子强度的变化特征见图 3-12。

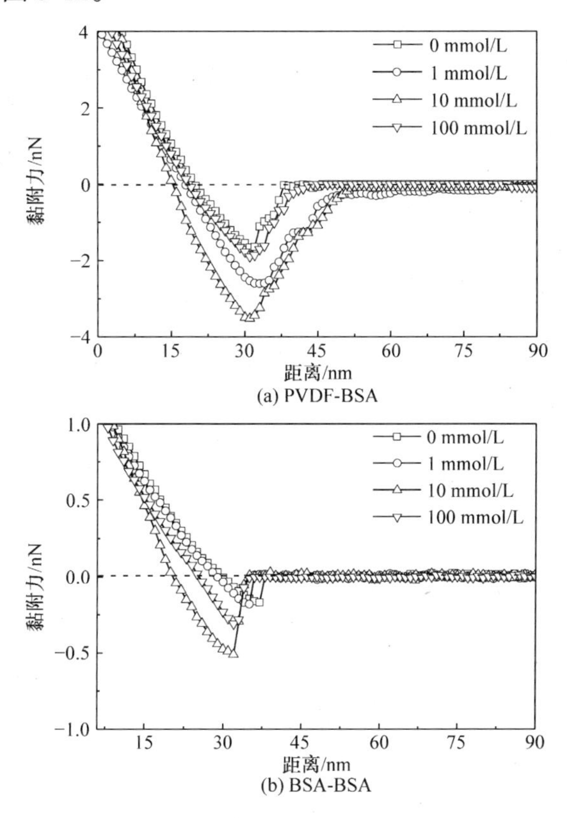

图 3-12　BSA 带负电荷(pH=9.0)条件下 PVDF-BSA 及 BSA-BSA 间的黏附力随离子强度的变化

与 BSA 等电点情况类似，在 pH=9.0，BSA 带负电荷情况下，离子强度增大到一定值，PVDF-BSA 及 BSA-BSA 间的微观作用力也出现了减缓情况。但当离子强度达到 100mmol/L 时，PVDF-BSA 及 BSA-BSA 之间的作用力及膜污染幅度减小。

显然，相对于 BSA 等电点，在相同的离子强度增大范围及 pH=9 条件下，

PVDF 超滤膜及 BSA 表面电荷减小量较大，导致 PVDF-BSA 及 BSA-BSA 之间静电排斥力的减小量大于 pH=4.7 时静电排斥力的减小量。因此，在 pH=9，BSA 带负电的情况下，需要更强的水合排斥力才可掩盖静电作用。

综合比较发现，无论是宏观膜污染行为还是微观作用力，一致说明了污染物的带电性能是影响膜污染微观作用力的关键因素之一。

3.8.2　无机离子种类对超滤膜有机物污染的微观作用力影响

1) 膜污染微观作用力随离子种类的变化特征

无离子和 Li^+、Na^+、K^+强度为 100mmol/L 条件下，PVDF-BSA 及 BSA-BSA 间黏附力曲线如图 3-13 所示。

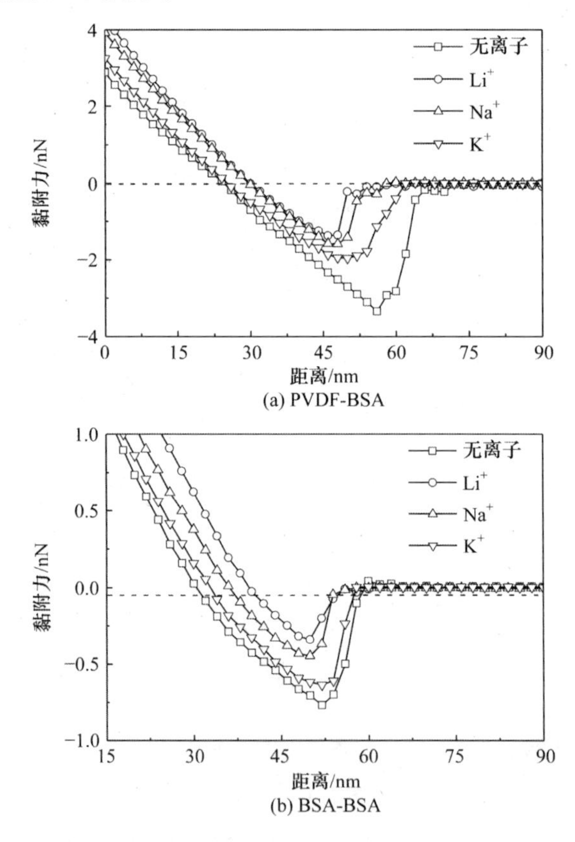

图 3-13　PVDF-BSA 及 BSA-BSA 间黏附力随离子种类的变化

与无离子条件相比，三种离子的离子强度为 100mmol/L 时，PVDF-BSA 及 BSA-BSA 间的作用力明显减小，说明三种无机阳离子皆可有效触发水合作用力。

离子强度相同情况下，不同离子种类对应的作用力大小差异明显，因为离子主要影响静电作用力和水合排斥力。离子强度为 100mmol/L 时，PVDF 超滤膜与 BSA 表面条件相对一致，相互作用也相对稳定，导致 PVDF-BSA 及 BSA-BSA 之间的静电排斥力大小相当，故 PVDF-BSA 及 BSA-BSA 之间的静电作用力的差异主要源于 Li^+、Na^+、K^+所触发的水合排斥力的不同(Butt et al., 2005; Israelachvili, 2012)。

然而，无论是 PVDF-BSA 还是 BSA-BSA，其相互间作用力都随着离子半径的增大而逐渐增大。这是因为 K^+半径最大，其表面电荷分布较为分散，水分子与其结合能力较差，导致在相同的离子强度下，K^+水合半径最小，产生的水合排斥力较弱；相反，Li^+半径最小，其表面电荷密度最大，水分子与其紧密结合，导致 Li^+表面形成牢固致密的水分子层，相应水合排斥力最大(Tansel et al., 2006; Donose et al., 2005)。

2) 膜污染行为随离子种类的变化特征

对应于微观作用力分析，在 Li^+、Na^+、K^+离子强度均为 100mmol/L 时，进行 120min 的宏观 BSA 过滤实验，相应污染膜的比膜通量(J/J_0)变化见图 3-14。通过通量的变化反映膜污染受离子种类的影响程度。

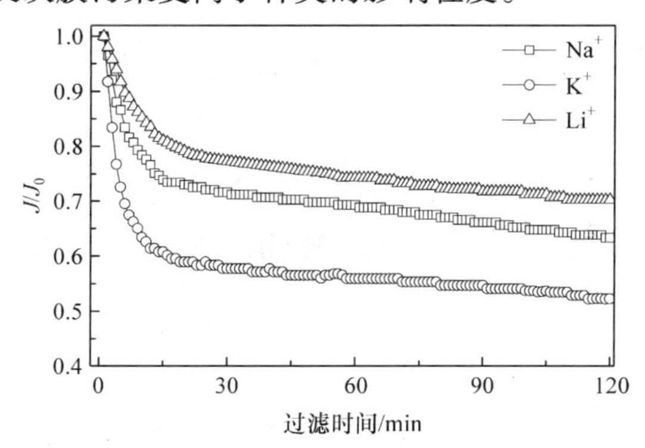

图 3-14　PVDF 超滤膜过滤不同离子种类 BSA 溶液时的比膜通量变化

在相同 Li^+、Na^+或 K^+离子强度条件下，一方面由于水合排斥力的出现，削弱了 BSA-PVDF 及 BSA-BSA 之间的作用力，导致 BSA 在 PVDF 膜面的吸附累积速率减小，从而使膜污染减缓。这和作用力变化特征完全一致。

另一方面，在相同的运行时间内，膜污染程度按 Li^+、Na^+、K^+的顺序递增；结合作用力测定结果表明，Li^+半径最小，所触发的水合排斥力最大，相应对膜污染的缓减能力最强而，K^+半径最大，所触发的水合排斥力较小，相应对膜污染的缓减能力最弱。因此，离子半径是影响水合排斥力的关键因素之一。

3.9 实际水质的超滤膜污染微观作用力评价

城市污水二级处理水是解决未来水资源短缺的重要稳定水源，选用二级处理水代表超滤深度处理实际水质(Shen et al., 2010; Zhu et al., 2010)，用AFM结合胶体探针进行膜污染微观作用力评价，具有一定的实用指导价值。

将二级处理水中残留溶解性有机物分为亲水性、疏水性及过渡性三部分，并进行相应的水质分析及PVDF超滤膜过滤试验；采用PVDF胶体探针及复杂有机物胶体探针分别测定膜-有机物及同类型或不同类型有机物之间的作用力。分析与膜污染行为相关的微观作用力大小特征及变化规律，识别城市污水二级处理水中造成超滤膜污染的优势物质，为超滤膜在污水深度处理中的应用提供一定的理论依据(Miao et al., 2014)。

3.9.1 城市二级处理水水质特征分析

1) 各成分有机物含量分析

以西安市某污水处理厂二级处理水为对象，分析水中亲水性(hydrophily, HPI)、疏水性(hydrophobic, HPO)、过渡性(transphilic, TPI)有机物含量占水体中总残留溶解性有机物的百分比，结果见表3-1。

表3-1 二级处理水中亲水性、疏水性及过渡性有机物含量占比

污染物类型	HPI	HPO	TPI
比例/%	31	40	29

二级处理水中溶解性有机物含量以疏水性有机物居多，达到二级处理水中总有机物含量的40%左右。而亲水性及过渡性有机物的含量基本相当，分别为31%和29%。

2) 各成分有机物的分子量分布特征

亲水性、疏水性、过渡性三类有机物及二级处理水溶解性有机物(effluent organic matter, EfOM)的分子量分布(图3-15)的测定结果表明：小于10000的小分子量有机物含量达到总有机物含量的60%，特别是亲水性有机物中分子量小于10000的有机物含量达到总有机物含量的80%。其他分子量区间内的HPO、TPI、HPI有机物及EfOM含量较小，几乎都小于10%。

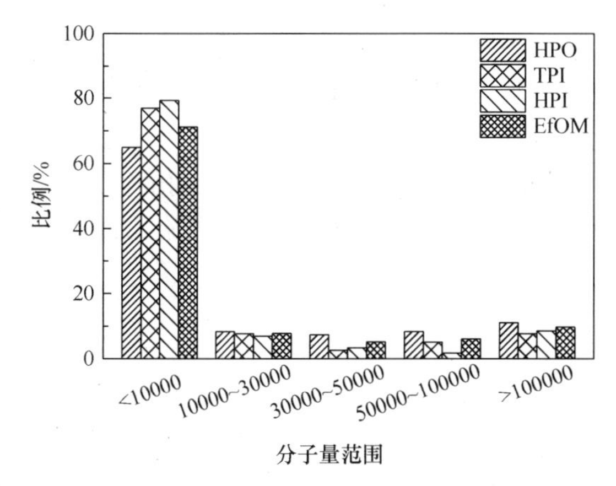

图 3-15　HPO、TPI、HPI 有机物及 EfOM 的分子量分布

3.9.2　不同亲疏水性有机物对超滤膜污染行为的微观作用力研究

1) 不同亲疏水性有机物的 PVDF 超滤膜过滤试验

PVDF 超滤膜过滤 HPO、TPI、HPI 三类有机物溶液时比膜通量(J/J_0)随时间的变化见图 3-16。

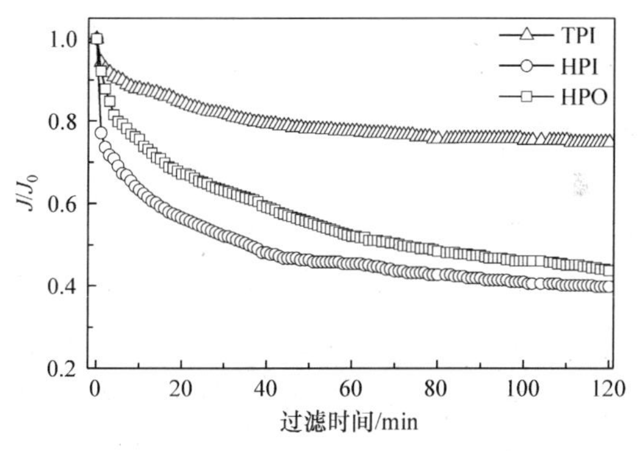

图 3-16　PVDF 超滤膜过滤 HPO、TPI、HPI 时比膜通量随时间变化

从图 3-16 可以看出，在运行初期，亲水性污染膜的通量衰减速率明显大于同一时段内疏水性污染膜的通量衰减速率，表明膜-污染物间作用力及有机物的分子量分布是决定膜污染的主要因素；过渡性、亲水性及疏水性三类有机物的分子量分布主要集中于小于 10000 的小分子量区间。可见，膜-污染物之间的作用力大小差异是引起 HPO、TPI、HPI 污染膜运行初期膜通量衰减速率的关键原因。

运行一定时间后，过渡性有机物污染膜的通量基本不再发生衰减，而疏水性有机物污染膜的比膜通量和亲水性有机物污染膜的比膜通量的差距越来越小。疏水性有机物对膜污染的影响作用逐步增强，即随着污染物在膜孔及膜面的不断吸附累积，在运行后期，污染物与污染物之间的相互作用力成为控制膜通量衰减的主导因素。与过渡性及亲水性两类有机物相比，疏水性有机物之间的作用力较大一些，疏水性有机物引起的膜通量衰减率最大。其微观作用的测试结果也很好地说明了这些现象。

2) 不同亲疏水性有机物与 PVDF 超滤膜之间的微观作用力分析

二级处理水中 PVDF-HPO/HPI/TPI 的典型黏附力曲线及黏附力的概率分布见图 3-17。

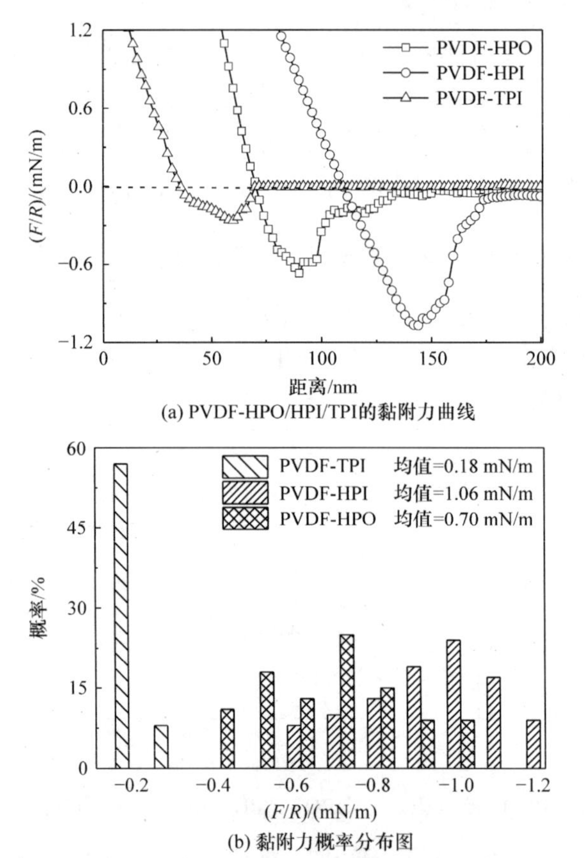

图 3-17　PVDF-HPO/HPI/TPI 的典型黏附力曲线及黏附力的概率分布图

(1) 亲水性有机物与 PVDF 之间的相互作用力最强，平均黏附力达到 1.06mN/m；疏水性有机物次之，为 0.7mN/m；而过渡性有机物与 PVDF 之间的黏附力最小，为 0.18mN/m。该结果与前述模拟有机物与 PVDF 之间作用力的测定结果一致。不少研究认为，亲水性有机物中含有大量的质子化羟基官能团，极易与 PVDF 中的电负性原子氟之间形成氢键作用力，使亲水性有机物与 PVDF 之间的亲和力最强。

(2) 在城市污水二级处理水中，亲水性有机物与 PVDF 超滤膜之间的亲和力最强，是运行初期的超滤膜优势污染物，疏水性有机物略次之，而过渡性有机物与 PVDF 之间的亲和力远小于前两者。通量衰减的结果和微观作用力结果完全一致。因此，针对性降低亲水性及疏水性有机物与 PVDF 超滤膜之间的相互作用力，进行膜性能改进，是减缓运行初期 PVDF 超滤膜污染的可选策略之一。

3) 同类型有机物之间的微观作用力分析

二级处理水中同类型有机物(HPI-HPI、TPI-TPI、HPO-HPO)的典型黏附力曲线及与黏附力概率的分布见图 3-18。

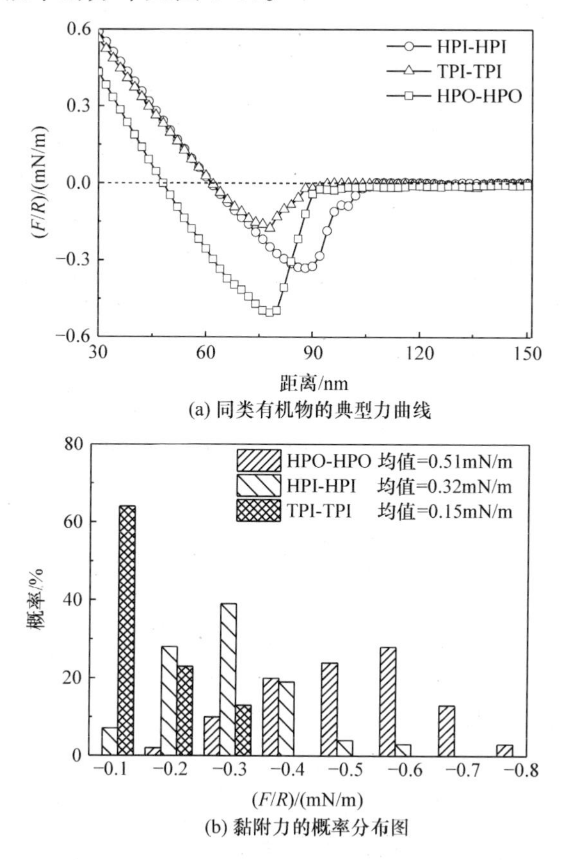

图 3-18　HPI-HPI、HPO-HPO 及 TPI-TPI 间的典型黏附力曲线及黏附力的概率分布图

从图 3-18 可以看出，二级处理水中疏水性有机物之间的黏附力最大(0.51mN/m)，亲水性有机物之间的黏附力次之(0.32mN/m)，而过渡性有机物之间的作用力最小(0.15mN/m)。相应作用力的平均值与其最大概率分布区间一致。

过滤试验表明：

(1) 在不同的运行阶段，超滤膜优势污染物种类并不相同。在运行初期，亲水性有机物与 PVDF 间作用力最强，引起膜通量大幅度下降，是优势膜污染物；随着污染物在膜面的吸附累积，疏水性有机物之间较强的相互作用力使得其取代亲水性有机物，成为运行后期超滤膜优势污染物。

因此，在实际运行过程中，应基于不同运行阶段各组分有机物的膜污染作用行为，评价其对超滤膜污染贡献的强弱。

(2) 无论是与亲水性还是疏水性有机物相比，在任一运行阶段内，过渡性有机物污染膜的通量衰减速率及衰减幅度皆是最小，对 PVDF 超滤膜污染的贡献最小。

(3) 针对多种有机物共存的水质体系，识别同类型有机物-有机物之间作用力最大的有机物，并针对性降低其作用力，是削弱其他类型有机物与其作用力的有效手段。

本小节针对二级处理水，疏水性有机物之间的相互作用力较大，控制疏水性有机物之间的作用力，是削弱亲水性或者过渡性有机物与疏水性有机物之间作用力的有效手段。

不同的二级处理水中构成亲水性有机物、疏水性有机物及过渡性有机物的物质不同，其性质差异较大。同类有机物之间及不同类有机物间的作用力关系差异也很大。针对特定的水质条件，通过测定膜污染微观作用力识别优势污染物，针对性采取膜污染减缓措施，是可以考虑的技术方法。

3.9.3　二级处理水总残留有机污染物与膜及有机物间微观作用力评价

研究二级处理水中各组分有机物的膜污染行为，是实际二级处理水中 EfOM 对超滤膜的污染机制分析的基础。图 3-19 为 PVDF-EfOM、EfOM-EfOM 的典型黏附力曲线及黏附力的概率分布图。

从图 3-19 可以发现，PVDF-EfOM、EfOM-EfOM 的平均黏附力分别是 1.21mN/m、0.67mN/m。同样可以证明，二级处理水的超滤深度处理的运行初期，膜污染受亲水性有机物与膜的作用控制；稳定期膜污染受疏水性有机物之间的作用控制。但是，针对复杂的二级处理水，PVDF-EfOM、EfOM-EfOM 的作用力，在受到各组分有机物与 PVDF 之间作用力、同类型/不同类型有机物之间作用力影响的同时，还受各组分有机物质量分数、分子量大小等复杂因素的综合影响。实际的复杂水质的超滤膜污染评价的技术方法依然具有应用性。

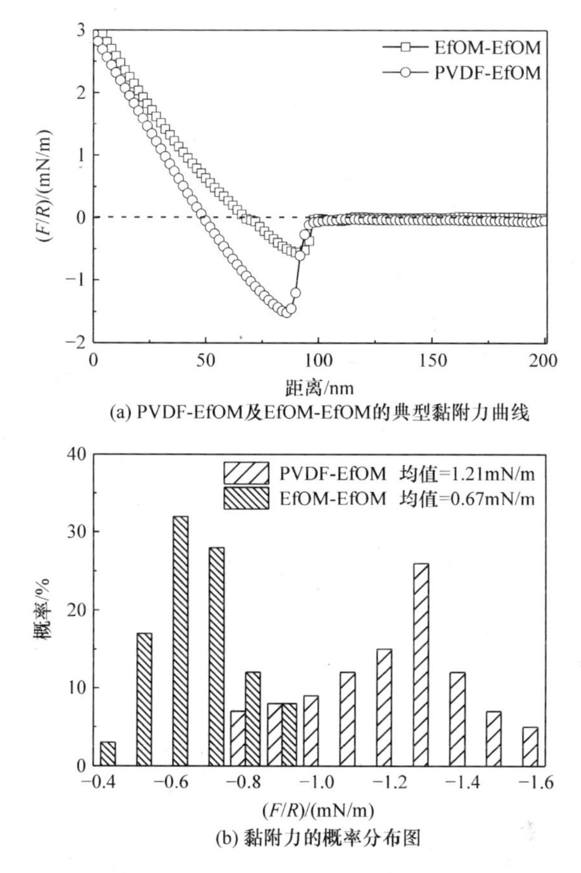

(a) PVDF-EfOM及EfOM-EfOM的典型黏附力曲线

(b) 黏附力的概率分布图

图 3-19　PVDF-EfOM 及 EfOM-EfOM 的典型黏附力曲线及黏附力的概率分布图

3.10　膜污染微观作用力对膜制备及运行的指导

通过膜污染微观作用力特征评价试验，得到有关膜污染机制的几点初步认识：

(1) 设计搭建 AFM 胶体探针制备装置，建立 PVDF 超滤膜材料胶体探针、羧基胶体探针、有机污染物胶体探针的制备技术。解决直接测定实际污染物与超滤膜及污染物-污染物之间相互作用力的问题，并应用于膜-污染物及污染物-污染物间作用力的定量测定，从微观作用力层面解析超滤膜有机污染行为是可行的。

(2) 利用研发的 PVDF 及模拟有机物胶体探针，针对性研究典型溶解性有机物对 PVDF 超滤膜污染的行为机理，将测定的 PVDF 与特定有机污染物及污染物之间的作用力，与不同运行阶段的膜污染行为相结合，得到膜-污染物间的作用力控制着运行初期的超滤膜污染行为，而污染物-污染物间作用力的大小、稳定通量的变化及污染层结构特征，均说明随着膜面被污染物覆盖，污染物间的作用力成为影响超滤膜污染行为的主要因素。该结果对实际工程中膜污染的控制有指导意义。

(3) 典型污染物间的作用力、不同有机物污染层的结构特征及过滤试验通量恢复的研究表明，污染物之间的作用力越大，对应的污染层越致密，不可逆污染越严重；相反，所形成的污染层疏松多孔，不可逆污染小。说明污染物-污染物之间的作用力大小是控制超滤膜不可逆污染程度的直接因素。

(4) 溶解性有机物的分子量大小、带电特征、亲疏水性特征均有影响膜污染的重要作用。将城市污水二级处理水中残留溶解性有机污染物分为 HPI、HPO 及 TPI 三类，分别进行超滤膜过滤试验，并使用 PVDF 及相应的复合有机物胶体探针，测定 PVDF 与三类有机物及同类型有机物彼此间的作用力。结果得到：PVDF 与 HPI 有机物之间的作用力最大，运行初期亲水性污染膜通量的衰减速率最大，表明亲水性有机物是运行初期的优势膜污染物；在运行后期，疏水性有机物之间较强的作用力使得疏水性污染膜通量衰减速率最大，成为优势膜污染物。

(5) 将城市污水二级处理水分割为有机物分子量为<100000、<50000、<10000 的不同原水，分别进行 PVDF 超滤膜过滤试验。使用 PVDF 胶体探针及复合有机物胶体探针进行微观作用力表征，结果表明，在相同的运行时间内，水中小分子量有机物含量越多，膜通量衰减率及衰减幅度越大。因此在实际水处理中，小分子量有机物容易透过膜面，进入膜孔，引起膜孔的窄化及堵塞，导致膜通量的大幅度衰减。

(6) 不同的无机盐对水中有机物在超滤膜界面的微观作用力行为有明显影响。无机盐的价态、含量、带电性的变化影响膜的污染。在低离子强度范围内，静电力起主导作用。当离子强度达到一定程度后，水合排斥力掩盖了静电作用力，成为离子强度影响膜污染的主体作用力。

(7) 膜污染微观作用力测定结果所反映的规律、特点和膜污染的实际吻合度较高，可以深化对膜污染机制的认识。在水处理过程中用污染物与膜、污染物之间的微观作用力进行分析评价，不仅能针对性地明晰膜污染的原因，还可为工程实用提供指导。

参 考 文 献

苗瑞，2015. 溶解性有机物对超滤膜污染的微观作用力测试与机制解析[D].西安：西安建筑科技大学.

ABRAHAMSE A J, LIPREAU C, LI S, et al., 2008. Removal of divalent cations reduces fouling of ultrafiltration membranes[J]. Journal of Membrane Science, 323(1): 153-158.

BASRI H, ISMAIL A F, AZIZ M, 2012. Microstructure and anti-adhesion properties of PES/TAP/Ag hybrid UF membrane[J]. Desalination, 287: 71-77.

BOWEN W R, HILAL N, LOVITT R W, et al., 1998. A new technique for membrane characterisation: Direct measurement of the force of adhesion of a single particle using an atomic force microscope[J]. Journal of Membrane Science, 139(2): 269-274.

BOUSSU K, VAN DER BRUGGEN B, VOLODIN A, et al., 2005. Roughness and hydrophobicity studies of NF membranes using different modes of AFM[J]. Journal of Colloid and Interface Science, 286(2): 632-638.

BUTT H J, CAPPELLA B, KAPPL M, 2005. Force measurements with the atomic force microscope: Technique, interpretation and applications[J]. Surface Science Reports, 59(1): 1-152.

COSTA A R, PINHO M N, ELIMELECH M, 2006. Mechanisms of colloidal natural organic matter fouling in ultrafiltration[J]. Journal of Membrane Science, 281(1): 716-725.

DONOSE B C, VAKARELSKI I U, HIGASHITANI K, 2005. Silica surfaces lubrication by hydrated cations adsorption from electrolyte solutions [J]. Langmuir, 21(5): 1834-1839.

DUCKER W A, SENDEN T J, PASHLEY R M, 1991. Direct measurement of colloidal forces using an atomic force microscope [J]. Nature, 353(6341):239-241.

FINOT E, LESNIEWSKA E, MUTIN J C, 1999. Investigations of surface forces between gypsum crystals in electrolytic solutions using micro cantilevers[J]. The Journal of Chemical Physics, 111(14): 6590-6598.

HASHINO M, HIRAMI K, ISHIGAMI T, et al., 2011. Effect of kinds of membrane materials on membrane fouling with BSA[J]. Journal of Membrane Science, 384(1-2): 157-165.

ISRAELACHVILI J N, 2012. Intermolecular and Surface Forces: Revised [M]. 3rd Edition. Singapore: Academic Press.

KAUPPI A, ANDERSSON K M, BERGSTROM L, 2005. Probing the effect of superplasticizer adsorption on the surface forces using the colloidal probe AFM technique[J]. Cement and Concrete Research, 35(1): 133-140.

KWEON J H, JUNG J H, LEE S R, et al., 2012. Effects of consecutive chemical cleaning on membrane performance and surface properties of micro filtration[J]. Desalination, 286: 324-331.

LI Q, ELIMELECH M, 2004. Organic fouling and chemical cleaning of nanofiltration membranes: Measurements and mechanisms[J]. Environmental Science and Technology, 38(17): 4683-4693.

LEE S Y, ELIMELECH M, 2006. Relating organic fouling of RO membranes to intermolecular adhesion forces[J]. Environmental Science and Technology, 40(3): 980-987.

MO H, TAY K G, NG H Y, 2008. Fouling of reverse osmosis membrane by protein (BSA): Effects of pH, calcium, magnesium, ionic strength and temperature[J]. Journal of Membrane Science, 315(1-2): 28-35.

MIAO R, WANG L, LV Y, et al., 2014. Identifying polyvinylidene fluoride UF fouling behavior of different effluent organic matter fractions using colloidal probes[J]. Water Research, 55: 313-322.

MIAO R, WANG L, MI N, et al., 2015a. Enhancement and mitigation mechanisms of protein fouling of ultrafiltration membranes under different ionic strengths[J]. Environmental Science and Technology, 49(11): 6574-6580.

MIAO R, WANG L, WANG X, et al., 2015b. Preparation of a polyvinylidene fluoride membrane material probe and its application in membrane fouling research[J]. Desalination, 357: 171-177.

MIAO R, WANG L, ZHU M, et al., 2017. Effect of hydration forces on protein fouling of ultrafiltration membranes: the role of protein charge, hydrated ion species and membrane hydrophilicity[J]. Environmental Science and Technology, 51(1): 167-174.

NALASKOWSKI J, DRELICH J, HUPKA J, 1999. Preparation of hydrophobic microspheres from low-temperature melting polymeric materials[J]. Journal of Adhesion Science and Technology, 13(1): 1-17.

PARSEGIAN V A, ZEMB T, 2011. Hydration forces: Observations, explanations, expectations, questions[J]. Current Opinion in Colloid & Interface Science, 16(6): 618-624.

SHEN Y, ZHAO W, XIAO K, et al., 2010. A systematic insight into fouling propensity of soluble microbial products in membrane bioreactors based on hydrophobic interaction and size exclusion[J]. Journal of Membrane Science, 346 (1): 187-193.

SHI X, TAL G, HANKINS N P, et al., 2014. Fouling and cleaning of ultrafiltration membranes: a review[J]. Journal of Water Process Engineering, 1: 121-138.

SUTZKOVER-GUTMAN I, HASSON D, SEMIAT R, 2010. Humic substances fouling in ultrafiltration processes[J]. Desalination, 261(3): 218-231.

TANG C Y, CHONG T H, 2011. Colloidal interactions and fouling of NF and RO membranes: A review[J]. Advances in Colloid and Interface Science, 164(1-2): 126-143.

TANSEL B, SAGER J, RECTOR T, et al., 2006. Significance of hydrated radius and hydration shells on ionic permeability during nanofiltration in dead end and cross flow modes[J]. Separation and Purification Technology, 51(1):40-47.

VRIJENHOEK E M, HONG S, ELIMELECH M, 2001. Influence of membrane surface properties on initial rate of colloidal fouling of reverse osmosis and NF membranes[J]. Journal of Membrane Science, 188(1): 115-128.

WANG L, MIAO R, WANG X, et al., 2013. Fouling behavior of typical organic foulants in polyvinylidene fluoride ultrafiltration membranes: characterization from microforces[J]. Environmental Science and Technology, 47(8): 3708-3714.

WANG L L, WANG L F, YE X D, et al., 2012. Hydration interactions and stability of soluble microbial products in aqueous solutions[J]. Water Research, 47(15): 5921-5959.

WANG Y N, TANG C Y, 2011. Protein fouling of nanofiltration, reverse osmosis, and ultrafiltration membranes—The role of hydrodynamic conditions, solution chemistry, and membrane properties[J]. Journal of Membrane Science, 376(1-2): 275-282.

XU T W, FU R Q, YAN L F, 2003. A new insight into the adsorption of bovine serum albumin onto porous polyethylene membrane by Zeta potential measurements, FTIR analyses, and AFM observations[J]. Journal of Colloid and Interface Science, 262(2): 342-350.

YAKUBOV G E, BUTT H J, VINOGRADOVA O I, 2000. Interaction forces between hydrophobic surfaces. Attractive jump as an indication of formation of "stable" submicrocavities[J]. Journal of Physical Chemistry. B, 104(15): 3407-3410.

YAMAMURA H, KIMURA K, OKAJIMA T, et al., 2008. Affinity of functional groups for membrane surfaces: Implications for physically irreversible fouling[J]. Environmental Science and Technology, 42(14): 5310-5315.

ZHU H, WEN X, HUANG X, 2010. Membrane organic fouling and the effect of pre-ozonation in microfiltration of secondary effluent organic matter[J]. Journal of Membrane Science, 352(1-2): 213-221.

第4章 超滤膜污染的QCM-D分析与评价

利用AFM技术特定的功能胶体探针定量测定膜与有机物、污染物与污染物之间的相互作用力，可从一定程度上揭示或反映膜污染的形成和发展过程。但是由于以下原因，AFM探针检测技术在膜污染分析中的应用受到了一定的限制：

(1) 适合制备胶体探针的含特殊化学官能团的微颗粒种类少，物理化学性质活泼而稳定性差，甚至易发生形变，对储存和测定的环境要求严格；

(2) 微颗粒所含特殊官能团部分只能代替溶解性有机物的某一组成部分，尚难完全代表实际溶解性有机物与膜面之间真实作用力；

(3) 胶体探针制作设备以及技术过程操作难度大、系统复杂、成品率较低。

因此，膜科学领域仍需进行持续的研究，借鉴其他领域的方法技术，开发更加简便的分析测试手段，获取在膜污染、膜生产及膜分离应用领域更广泛的新型技术，以不断探求微观领域中未知的真相和理论，指导膜分离技术的实际过程。

石英晶体微天平(quartz crystal microbalance，QCM)是一种非常灵敏的质量检测仪器，其测量精度可达纳克级，比灵敏度在微克级的电子微天平高1000倍。且QCM所测量的质量是实时的，可以检测出表面上增加或减少的极其微小的质量变化。但是，常规的QCM技术只能准确检测晶体表面形成的刚性膜吸附质量。

耗散型石英晶体微天平(quartz crystal microbalance with dissipation，QCM-D)源于传统QCM技术，不仅继承了QCM结构简单、成本低廉、在线实时、无需标记、灵敏度高、测量精度可以达到纳克量级的优点，还新增了耗散因子的检测功能。可反映或检测到固-液界面上有机物分子量大小和结构的变化，包括能开展界面物质吸附以及动力学研究，是近年新发展起来的，对材料界面微观作用行为实时测定的新型技术(Kunze et al.，2011；刘光明等，2008；Jordan et al.，2008；Tsortos et al.，2008)。QCM-D因其纳克级的灵敏度，实时侦测功能及其对吸附层特性的分析能力，在膜污染研究与评价中逐渐引起关注(Nileback et al.，2011；Feiler et al.，2007；Paul et al.，2005)。

已有一些在膜分离方面的研究工作，通过QCM-D技术实现了对水处理膜表面有机污染物的准确定量分析，揭示膜材料与膜污染过程的相互关系，并基于 QCM-D 技术，通过不同水质条件下的膜污染形成过程及污染层结构的影响，分析污染物与膜表面的物理化学相互作用，研究膜污染形成机理，取得了良好的结果(Wang et al.，2018，2017，2016；王磊等，2016；黄丹曦，2016；邱桢毅等，2016；Miao et al.，2015)。

AFM 和 QCM-D 是表征膜污染微观作用的两种重要的工具。目前的研究中，大多应用 QCM-D 与 AFM 技术讨论一些界面行为，也有部分研究工作针对 AFM 的形貌表征以及 QCM-D 黏弹性表征技术进行分析讨论。综合应用 AFM 作用力和 QCM-D 既可表征膜与污染物乃至污染物之间的作用强弱，又能表征膜面污染物吸附量及吸附层结构特征，在污水溶解性有机物的膜污染行为的解析中体现了更多优点。同时，还可为进一步理解膜污染机理和高效的膜清洗技术选择给予科学指导。

4.1　QCM-D 技术简介

与传统 QCM 相比，QCM-D 中添加了一个新的参数——耗散因子(D)。这意味着，QCM-D 能够比传统的 QCM 提供更多关于研究系统的信息。耗散因子提供了芯片表面吸附层的软硬度的实时信息，也被称为黏弹性。耗散因子提供了三个重要的优势：

(1) 定性提供与吸附物质薄膜的软硬度相关的信息和软硬度随时间变化的信息；

(2) 提供量化模型的关键信息；

(3) 提供黏弹性膜的模型基本要素。

因此，QCM-D 可以同步检测耗散因子的变化，获得石英晶体界面上发生的质量和结构变化，实现石英晶体表面吸附物质多个相关信息的实时监测，包括吸附质量、吸附层厚度、结构性质(黏弹性)和吸附层构象变化等。

4.1.1　QCM 工作原理与设备构成

传统的 QCM 利用石英晶体谐振器的压电特性，根据压电效应制成。石英晶片压电效应的原理是：石英晶体内部每个晶格在不受外力作用时呈正六边形，若在晶片的两侧施加机械压力，会使晶格的电荷中心发生偏移而极化，则在晶片相应的方向上将产生电场。

反之，若在石英晶体的两个电极上加一电场，晶片会产生机械变形，这种物理现象称为压电效应。当在石英晶体上施加一交流电压，若电压的频率与石英的固有谐振频率接近，石英晶体会按其固有频率不断振荡。将石英晶体电极表面质量变化转化为石英晶体振荡电路输出电信号的频率变化，进而通过计算机等其他辅助设备获得高精度的数据。

QCM 基本原理如图 4-1 所示。

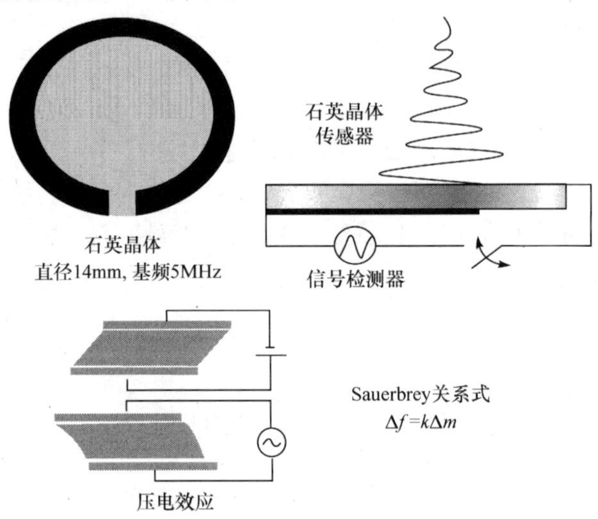

图 4-1　QCM 基本原理示意图

在一般情况下，石英晶体微天平晶片机械振动的振幅和交变电场的振幅非常微小，但当外加交变电压的频率为某一特定值时，振幅明显加大，这种现象称为压电谐振。压电谐振与 LC 回路的谐振现象十分相似：当晶体不振动时，可把它看成一个平板电容器，称为静电电容 C，一般约几皮法到几十皮法；当晶体振荡时，机械振动的惯性可用电感 L 来等效，一般 L 的值为几十毫亨到几百毫亨。由此构成了石英晶体微天平的振荡器，电路的振荡频率等于石英晶体振荡片的谐振频率，再通过主机将测得的谐振频率转化为电信号输出。由于晶片本身的谐振频率只与晶片的切割方式、几何形状、尺寸有关，可以做得很精确，因此利用石英谐振器组成的振荡电路可获得很高的频率稳定度。

QCM 主要由石英晶体传感器、信号检测和数据处理等组成。石英晶体传感器的基本构成是：从一块石英晶体上沿着与石英晶体主光轴成 35°15′切割(AT-CUT)得到石英晶体振荡片，在它的两个对应面上涂敷银层作为电极，石英晶体夹在两片电极中间形成三明治结构。在每个电极上各焊一根引线接到管脚上，再加上封装外壳就构成了石英晶体谐振器，其产品一般用金属外壳封装，也有用玻璃壳、陶瓷或塑料封装的。

石英晶体微天平的其他组成结构在不同型号和规格的仪器中也不尽相同，可根据测量需要选用或联用。一般附属结构还包括振荡线路、频率计数器、计算机系统等；电化学石英晶体微天平在此基础上还包括恒电位仪、电化学池、辅助电极、参比电极等；另外经常加装一些辅助输出设备，如显示器、打印机等。

4.1.2　QCM 分析原理

德国科学家Sauerbrey(1959)发现，在假定外加质量均匀刚性地附着于QCM的金电极表面的情况下，QCM 的谐振频率变化与外加质量成正比。他以此为据建立了有关石英晶体表面的质量变化和石英晶体频率变化的定量关系，即Sauerbrey 方程式：

$$\Delta f = -2 f_0^2 (\mu_q \cdot \rho_q)^{-1/2} \Delta m / A = -2.6 \times 10^6 f_0^2 \Delta m / A = -C_f \Delta m \qquad (4\text{-}1)$$

式中，Δf 为测量的频率变化，Hz；Δm 为单位面积上的质量变化，g；f_0 为基频，Hz；比例常数 $C_f = 2 f_0^2 (\mu_q \cdot \rho_q)^{-1/2} / A$，ng/(cm^2· Hz)，又称为 QCM 的质量灵敏度；ρ_q 为石英晶体密度，g/cm^3；μ_q 为石英晶体的剪切模量，N/cm^2；A 为石英晶体面积，cm^2；负号表示频率的上升或下降会引起质量的减少或增加。

Sauerbrey 方程式(4-1)是气相中使用的 QCM 的基本原理和依据。

Sauerbrey 方程所表达的物理意义是：石英晶体的频率变化(Δf)与石英晶体的密度和厚度(即晶体表面的质量变化 Δm)成反比，而与其振动基频成正比。

在 Sauerbrey 方程的应用中要注意：石英晶片自身的质量会影响 QCM 的振动频率响应性，而晶片的厚度和密度为影响晶片质量的间接因素。

由于 Sauerbrey 方程仅适合于真空或空气中的刚性薄膜，因此 QCM 在很长一段时间内仅用于薄膜厚度的检测。

Sauerbrey 方程的成立必须符合以下四个条件：

(1) 附着层为刚性沉积层且厚度均匀分布；

(2) Δf 小于 $2\% f_0$；

(3) 溶剂的黏弹性不变；

(4) 晶体工作于基频 f_0。

在这些条件下，Saurebrey 方程已得到了很好的验证，成为 QCM 检测中最基本、最常用的公式。但当外来沉积层比较厚时，Sauerbrey 方程不成立。

1982 年，Nomura 等发现 QCM 在液相中也能够得到很好的信号。由此，开启了 QCM 在液相体系中的应用。

1985 年，Kanazawa 等从流体力学原理分析认为：随振荡的石英晶体作剪切运动的液层仅为附着在晶体表面的溶液薄层，因为表面声波(此处指液体声波)的振幅随距离的增加呈指数衰减，只有在表面声波一个波长(厚度在微米量级)以内的溶液层参与振荡。因此，假定溶液为牛顿流体，从理论上导出由石英晶片单面接触液体所引起的振动频率变化与溶液的黏度 η_l 和密度 ρ_l 的关系为

$$\Delta f_{\eta} = -f_0^{3/2}\left[\eta_1\rho_1/(\pi\mu_q\rho_q\right] \tag{4-2}$$

式中，f_0为基频，Hz；ρ_1为液相密度，g/cm^3；η_1为液相黏度，Pa·s；μ_q为石英晶体的剪切模量，N/cm^2；ρ_q为石英晶体密度，g/cm^3。

Kanazawa 等(1985)认为：晶体振动时只带动紧贴电极表面的厚度为$[2\eta_1/(\omega\rho_L)]^{1/2}$的薄层振动，而非整个液相。该液层可以看成刚性层。

应当明确，溶液黏度和密度不仅对石英晶体的频率有影响，还直接关系到石英晶体在溶液中的能量损耗。溶液黏度或密度越高，随晶体振动的溶液层越厚，能量损耗越严重。

Muramatsu 导出了剪切波在石英晶体片和液相(牛顿流体)间的传播方程，即

$$\Delta f = -n^{1/2}f_0^{3/2}\left[\eta_1\rho_1/(\pi\mu_q\rho_q\right]^{1/2} \tag{4-3}$$

式中，f_0为基频，Hz；η_1为液相黏度，Pa·s；ρ_1为液相密度，g/cm^3；ρ_q为石英晶体密度，g/cm^3；μ_q为石英晶体的剪切模量，N/cm^2；n为芯片倍频数(3、5、7、9、11)。

Kanazawa-Gordon 关系描述了液体相的密度ρ_1、黏度η_1、石英晶片自身的质量等因素与石英晶片的振动频率间的相关性。与 Sauerbrey 方程相似，石英晶体谐振频率的变化与晶片表面附着层质量变化为一线性关系。显然，晶片自身的质量与振动剪切响应能力仍然是制约石英晶片振动频率响应性的关键因素。

Kanazawa-Gordon 关系的建立，使 QCM 在液相体系中的应用成为现实。基于石英晶体微天平检测和分析石英晶片表面所受载荷引起的应力变化，可定性、半定量乃至定量地研究载荷的化学及物理性能，且灵敏性高，因此被广泛地应用于化学、物理、生物、医学和表面科学等分析科学的各个领域。然而，传统的 QCM 只能提供与质量变化(频率)相关的信息，在相关领域的应用仍然十分有限。

4.1.3　QCM-D 工作原理

QCM-D 是根据 Rodahl 等(1996)提出的能量耗散概念，用来表征传感器上吸附物质的黏弹性性质的界面实时测定技术。QCM-D 能够通过监测频率和耗散因子的变化来获得界面上吸附物质的结构信息，主要包括质量、厚度、结构性质(黏弹性)以及构象变化。QCM-D 继承了传统 QCM 结构简单、成本低廉、在线实时、无须标记、灵敏度高、测量精度可以达到纳克量级的优点，还新增了耗散因子的检测功能。

QCM-D 主要由传感器、信号检测器和数据处理系统三部分构成。石英晶体传感器是 QCM-D 技术的核心，石英晶体被放置在 2 片电极中间形成三明治

结构，并在负载电压下以特定的频率振荡。当石英晶体上的物质质量发生变化时，振动的共振频率 f 也会发生相应的改变。耗散因子 D 是指当设备电路中断之后振动的晶体频率降至 0 的速度。简而言之，QCM-D 技术是在电极两端赋予一个交流电压，在传感器的共振频率处引发剪切振动，当交流电压关闭停止后，振动将会呈指数衰减，从而得到共振频率 f 和耗散因子 D 这两个参数。QCM-D 工作原理如图 4-2 所示。

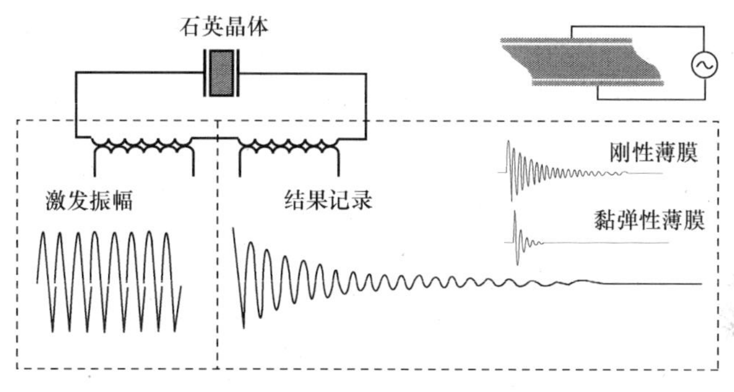

图 4-2　QCM-D 工作原理示意图

D 表征的是 QCM-D 测试过程中芯片振动所需能耗损失，其随着吸附量的增加在不断变化，是表征吸附层结构特性的有效参数。其计算公式如下：

$$D = \frac{E_d}{2\pi E_s} \tag{4-4}$$

式中，D 为石英晶体芯片的实时耗散值；E_d 为石英晶体芯片一个振幅周期所需要的能耗损失；E_s 为储存在石英晶体芯片内的能量。

当电路断开后，施加在石英晶体上的交流电压因耗散而呈指数性衰减，因而 D 可通过测量振幅的衰减得到。通过对电路不断地“开”和“闭”，可获得一系列频率和耗散因子的变化值。

Rodahl 等(1996)利用 Navier-Stokes 方程，得到了有关液相耗散因子变化(ΔD)的方程：

$$\Delta D = 2(f_0/n)^{1/2}(\eta_l \rho_l / \pi \mu_q \rho_q)^{1/2} \tag{4-5}$$

式(4-5)所表述的物理意义是：石英晶体表面吸附的薄膜浸入液体之后，其 ΔD 的二次方与石英晶片的振动基频成正比，与其质量因素成反比。

如 Sauerbrey 方程或 Kanazawa-Gordon 关系所描述的一样，无论是振动频率还是耗散，均与薄膜的黏弹性能有关。在测定非常薄的吸附层的质量的同时，使用黏弹性模型(式(4-5))而非 Sauerbrey 方程，可同步提供如质量、厚度、黏度和黏弹性等结构信息。

QCM-D 应用对象大致分为：刚性薄层、牛顿流体和黏弹性膜层(陈超杰等，2014)。

(1) 对于刚性薄层薄膜，可以使用 Sauerbrey 方程和式(4-1)，根据传感器振动计算吸附层的质量。

(2) 当沉积的薄膜松散和黏性时，能量通过薄膜上的摩擦被消耗，传感器的振动发生衰减。通过耗散因子即可提供传感器上吸附的薄膜的结构信息。将多次实验得到的频率和耗散因子利用 Kelvin-Voigt 模型综合分析，从而可以得到薄膜的质量、厚度、黏度和弹性等信息。

(3) 耗散因子可以反映薄膜的黏弹性性质。在一定范围内，D 越大，则薄膜的弹性越大；D 越小，则薄膜的弹性越小。

(4) 单位质量的耗散变化值$\Delta D/\Delta f$，能更加直观或灵敏地反映晶片表面的吸附层信息，具体可通过ΔD-Δf数据间的斜率来反映这一性质。高斜率时意味着单位质量吸附层的能量耗散因子较高，说明吸附层较软；低斜率时表明单位质量的吸附层具有较低的能量耗散，说明形成了刚性吸附层。

QCM-D 检测系统具有如下特点：

(1) 实时性，能够对生物大分子的反应动力过程进行监测；

(2) 高效性，一般完成一个基本的测试用时在 15min 以内；

(3) 简便性，生物分子无须标记，设备简单；

(4) 成本低，电极可以再生和反复使用等。

但是，QCM-D 技术还需不断发展和完善，存在着许多实践和理论等待深入研究。

QCM-D 可以对多种不同类型表面的分子间相互作用和分子吸附进行研究，应用于生物、化学、物理等不同领域，分析蛋白质、DNA、脂类、聚电解质、高分子和细胞/细菌等与表面或已吸附分子层之间的相互作用。其中，QCM-D 在解析高分子材料领域中的固、液界面上高分子链的构象变化，物质的吸附和结构变化的信息，高分子降解动力学和聚电解质的“层层组装”等方面的应用广泛，结合 QCM-D 对高分子固、液界面上有机物分子量大小和结构层相关信息，还可得到其他有意义和价值的信息。

基于上述原理，近年来，QCM-D 被广泛地用于考察物质的界面吸附行为并进行吸附动力学分析，而膜面污染物吸附层恰好类似于致密或疏松有弹性的薄膜。因其高灵敏度，在线监测以及可以获取吸附层结构信息，可以利用 QCM-D 观察整个膜污染过程及深入研究污染层结构变化。因此，QCM-D 技术成为了膜污染研究中的重要工具，并作为前沿的研究方向，在膜污染研究领域引起了广泛地关注。

4.2　QCM-D 技术应用于膜污染分析的原理和方法

如前所述，膜污染的形成与膜界面及污染物间的分子间微观作用力有内在的联系，而膜材料的化学组成和性质特征对膜污染的形成有重要的影响。同时，在膜污染发生的过程中，污染物在膜面的逐步累积，除了受污染物和聚合物材料分子本身固有性质的影响以外，还受到水相中溶质含量、电荷密度、污染物分子量以及水体环境温度、pH 和盐浓度等多种因素的影响。阐明膜污染与膜材料之间的关系，可以更好地控制膜污染的形成和发生进程。

QCM-D 技术中的耗散系数能够给出关于材料表面上吸附物(层)的性质，且具有实时跟踪检测微观过程的变化、获取丰富在线信息的优点。因此，在膜污染分析过程中，借助 QCM-D 分析方法，可以揭示膜材料与膜污染过程的相互关系，评价有机污染物、生物污染物在不同水质条件或运行条件下对膜污染形成过程和污染层结构的影响规律，帮助分析污染物与膜表面的物理化学相互作用，剖析膜污染形成机理，实现对膜表面有机污染物的准确定量分析。为以膜污染机理为基础选择高效的膜清洗技术给予科学指导。因此，QCM-D 技术可作为破译膜污染的形成及其发展机制的强有力手段。

Contreras 等(2011)以蛋白质代表物牛血清蛋白和多糖代表物海藻酸盐为模拟污染物，利用 QCM-D 研究了—COOH、—NH_2 和—$CONH_2$ 等在 RO、NF 等膜表面最为常见的活性层物质主要化学组成的 3 种官能团，与两种模拟污染物间的吸附状况。结果显示，BSA 和 SA 在—COOH 官能团包覆表面均能产生最快吸附。表明反渗透膜表面活性层中—COOH 官能团的含量将影响初期膜污垢的形成速度。Maximous 等(2009)针对超滤膜亲水性与膜污染之间的关系进行研究，发现疏水的超滤膜聚合物膜污染程度高于亲水的超滤膜聚合物。由此可以看出，在水处理膜膜污染分析中，运用 QCM-D 技术可以完成以下研究工作：

(1) 研究不同性质的膜材料的膜污染过程；

(2) 研究不同污染物的膜污染过程；

(3) 研究膜材料与膜污染物间的交互作用对于膜污染过程的影响。

4.2.1　QCM-D 技术应用于膜污染分析的原理和过程

将 QCM-D 技术应用于膜污染分析，可通过对耗散因子变化量(ΔD)及振动频率变化量(Δf)的测量，给出更多关于膜表面上吸附污染物的性质，实时监测膜污染的形成过程，并分析吸附的污染层特性。

QCM-D 技术应用于膜污染的分析示意图如图 4-3 所示。

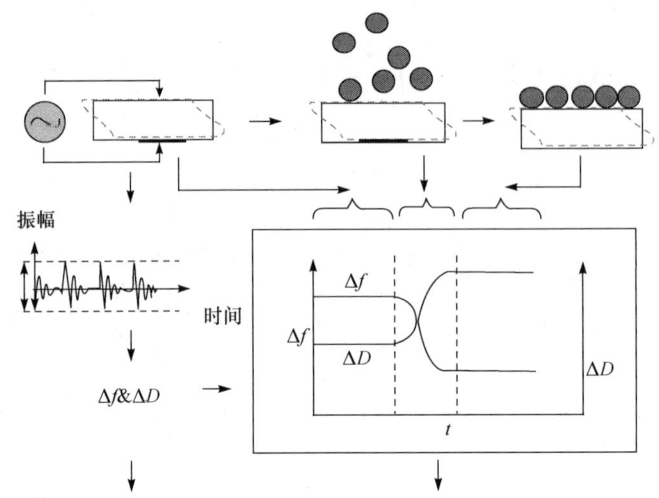

图 4-3　QCM-D 技术应用于膜污染分析的示意图

在液相环境中，随着石英晶体芯片表面有机物吸附量的增加，相应芯片的振动频率会不断地发生变化(Quevedo et al.，2009)，二者之间的关系为

$$\Delta m = -\frac{c}{n}\Delta f \tag{4-6}$$

式中，Δm 为芯片表面的吸附量，ng/cm^2；n 为芯片倍频数(3、5、7、9、11)；c 为恒定常数，17.7 ng/(Hz·cm^2)；Δf 为芯片的振动频率变化量，Hz。

当石英晶体芯片表面沉积的薄膜为松散且具有黏性的柔性薄膜时，能量通过薄膜上的摩擦被消耗，传感器的振动发生衰减，此时，通过 QCM-D 测得的多个频率、耗散因子数据和黏弹性模型，利用 Kevin-Voigt 模型式(4-7)和式(4-8)综合分析，可以计算得到薄膜的质量、厚度、黏度和弹性等信息。

$$\Delta f \approx -\frac{1}{2\pi\rho_0 h_0}\left[\frac{\eta_3}{\delta_3} + h_1\rho_1\omega - 2h_1\frac{\eta_3^2}{\delta_3^2}\frac{\eta_1\omega^2}{\mu_1^2+\eta_1^2\omega^2}\right] \tag{4-7}$$

$$\Delta D \approx -\frac{1}{\pi f\rho_0 h_0}\left[\frac{\eta_3}{\delta_3} + 2h_1\frac{\eta_3^2}{\delta_3^2}\frac{\eta_1\omega^2}{\mu_1^2+\eta_1^2\omega^2}\right] \tag{4-8}$$

式中，h_0 和 h_1 分别为晶体和薄膜的厚度，cm；η_1 和 η_3 分别为薄膜和溶液的黏度，Pa·s；δ_3 为穿透深度，cm；ω 为振荡的角频率，rad/s；ρ_1 为薄膜的密度，g/cm^3；μ_1 为薄膜的剪切模量，N/cm^2。

耗散的大小与石英晶体芯片表面的吸附量存在一定的关联性，因此为了便于比较，通常使用$|\Delta D/\Delta f|$，即单位质量的耗散值考察吸附层结构特征。较小的$|\Delta D/\Delta f|$表示芯片表面吸附层呈现密实刚性的结构，而较大的$|\Delta D/\Delta f|$值说明吸

附层结构较为松散柔软。

使用 QCM-D 考察有机物在膜界面的吸附行为及吸附层结构特征的测试和分析步骤如下。

1) 基于膜材料修饰的石英晶体芯片制备

详见 4.2.2 小节。

2) 获取基线

将一全新的覆膜石英晶体芯片安装于 QCM-D 流动池中，在气相流动的条件下检测芯片的可用性；然后使用液体蠕动泵在 0.1mL/min 的速度下将超纯水引入流动池，直至覆膜芯片频率及耗散变化趋于一稳定值；将此时的频率及耗散值定为基线。

3) 有机污染物吸附行为及吸附层结构特征测试

芯片频率及耗散值趋于稳定后，在同样的流速下引入与宏观膜过滤试验相同的有机溶液，实时监测相对于基线的 3 倍频下石英晶体芯片振动频率及耗散值随运行时间的变化特征。

4) 系统清洗

随着有机污染物在覆膜石英晶体芯片表面的吸附沉降，吸附量逐渐趋于饱和，芯片频率及耗散值也逐渐趋于稳定，表明吸附过程及吸附结构稳定。此时，在 0.4mL/min 的流速下引入清洗液，进行系统的充分清洗。

4.2.2　QCM-D 覆膜芯片制备与表征

1. QCM-D 覆膜芯片制备

使用 QCM-D 考察污染物在膜界面的吸附沉降行为及相应吸附层的结构特征，首先是制备相应膜材料的石英晶体芯片。聚合物膜材料可以通过包覆或涂敷方式，将高分子膜材料覆盖并粘贴在 QCM-D 石英晶体表面，用以模拟膜表面性能的技术。

为了保证检测的灵敏度，需要控制石英晶体芯片表面聚合物涂覆层的厚度，同时芯片表面覆膜进行污染物吸附试验的吸附层厚度不宜过大，确保膜涂覆层与吸附层二者总厚度小于 3μm。

基于 QCM-D 的工作原理及对石英晶体芯片的特性要求，以商业购买的金芯片(QSX301 Au，Q-sence)为基质，将 PVDF 超滤膜材料制备成均质铸膜溶液，并涂覆于芯片表面，通过相转化法固化黏附。选用高速离心工艺达到纳米级的涂覆厚度，通过旋涂相转化覆膜法制备技术获得石英晶体芯片(Wang et al.，2018；黄丹曦，2016)，具体的操作过程如下。

1) 配制 PVDF 聚合物溶液

将一定量的 PVDF 溶于 *N,N*-二甲基乙酰胺(*N, N*-dimethylacetamide, DMAc)中，配制成质量分数为 2%～5%的 PVDF 聚合物溶液，在室温下搅拌溶解 2h 后将温度升至 60℃，继续搅拌 8h，待 PVDF 聚合物完全溶解，室温下静置 1h 后，待用。

2) 金芯片的清洗

配置 45%超纯水、25%氨水及 30%过氧化氢的混合清洗溶液，将待使用的金芯片置于温度为 75～80℃的清洗溶液中，浸没 10～15min 后，将金芯片再置于超纯水中浸没 5min，最后在超纯水中充分漂洗并用氮气吹干，待用。

3) 旋涂相转化法覆膜

将清洗干净的金芯片固定于旋转涂膜机的旋转平台上，并与真空泵相连接。在 1200r/min 的低速旋转状态下，将步骤 1)制备的 PVDF 聚合物溶液在金芯片表面中心位置用移液枪滴加 15μL，旋转 15～18s 后，将旋转速度提升到 6000r/min 继续旋转 8～10s，此时将芯片温度加热到 60℃，继续旋转 40～50s，直接快速离心分相。将芯片取下，浸没于超纯水 8h 凝胶相转化分相。分相结束后，用超纯水充分漂洗芯片，最后用氮气吹干，即得到 PVDF 覆膜石英晶体芯片，涂覆层厚度控制在 80～200nm 为宜。

4) PVDF 石英晶体芯片性能校准

将干净的 PVDF 石英晶体芯片安装于 QCM-D 设备，启动仪器。在流通空气条件下，于 3、5、7、9 及 11 倍频下查找相应的振动频率峰值，任一倍频下出现大于 20%的杂峰值，则认为该 PVDF 芯片表面不均匀，不可使用。反之，则该芯片完好可使用。

5) PVDF 芯片的清洗

试验结束后，将 PVDF 芯片置于体积比为 10%的 DMAc 水溶液中，在 30℃下超声清洗 5min，即可去除金芯片表面覆盖的 PVDF 膜材料。之后用步骤 2)描述的方法清洗金芯片，超纯水中充分漂洗，用氮气吹干后可再次用于 PVDF 石英晶体芯片的制作，即该方法所涉及的金芯片可多次循环使用。

目前，借鉴以上方法制备 QCM-D 覆膜芯片，同样可用于研究评价纳滤膜、正渗透膜、阳离子交换膜等的膜污染行为。部分高分子聚合物及其模拟膜表面活性层的对应关系如表 4-1 所示。

表 4-1　QCM-D 晶体包覆表层材料及其模拟膜类型

包覆表层材料	模拟膜
聚醚砜共聚物	超滤膜
聚偏氟乙烯共聚物	超滤膜
乙烯-乙烯醇共聚物	超滤膜

续表

包覆表层材料	模拟膜
醋酸纤维素膜	反渗透膜
醋酸丁酸纤维素膜	反渗透膜
聚酰胺膜	反渗透膜
交联芳族聚酰胺聚合物	反渗透膜

2. QCM-D 覆膜芯片形貌特征

AFM 技术可以表征材料表面的微观形貌，图 4-4 为 QCM-D 金芯片通过旋涂相转化覆膜前后的 AFM 表面形貌图。

图 4-4　覆膜前后 QCM-D 芯片的 AFM 表面形貌图

聚合物材料因自身的组成、结构和性质的差异，在成膜固化过程中，会因大分子链的结构、原子或基团间的极性等因素，在铺展、排列过程中受应力、应变行为影响而显示自己的独特形貌。基于上述原因，通过旋涂相转化覆膜法所制备的 QCM-D 涂敷层的表面形貌组织，也能反映出与高分子铸膜材料相一致的形态变化特征(王磊等，2016)。图 4-5 为分别以聚乙烯吡咯烷酮(polyvinyl pyrrolidone，PVP)、聚乙二醇(polyethylene glycol，PEG)、聚乙烯醇(polyvinyl alcohol，PVA)三种不同的亲水化聚合物与 PVDF 通过共混方式改性后的聚合物溶液，通过旋涂相转化覆膜法制备的 QCM-D 金芯片的二维形貌。

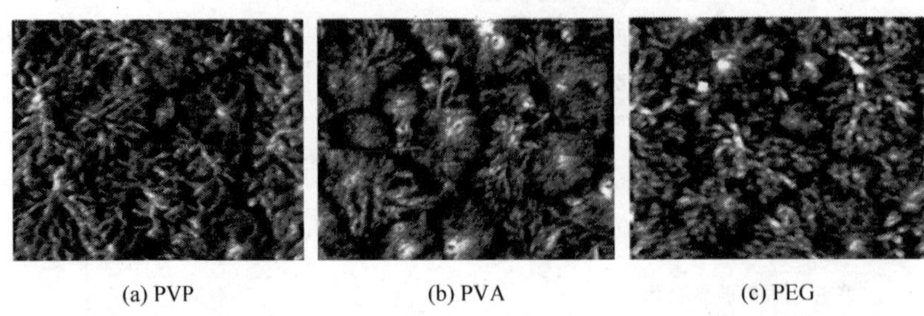

图 4-5　聚合物共混复合改性 PVDF 材质 QCM-D 芯片的 AFM 表面形貌图(5μm×5μm)

对图 4-4 和图 4-5 中所示的 PVDF 及其复合铸膜液在覆膜前后的 QCM-D 金芯片表面形貌结构进行对比分析，发现：

(1) 洁净的 QCM-D 芯片表面粗糙度较小且相对平整光滑，在涂敷 PVDF 膜材料后，QCM-D 金芯片表面粗糙度明显增大，显示为致密堆积聚集的球状突起，但堆积物整体能保持一定程度的相对均匀性。PVDF 覆膜 QCM-D 金芯片表面特殊的形貌结构，以及 PVDF 分子链段的极性较高、聚合物的内聚力强、成膜过程中过高的内应力、应变等原因，使其容易导致团聚。图 4-5 也同时说明了 QCM-D 覆膜能保持材料自身的性质特征，这对利用 QCM-D 技术进行膜污染行为分析提供了必要的依据。

(2) 聚合物性质不同，所制芯片性质区别较大。与纯 PVDF 覆膜芯片相比，PVDF 与 PVP、PVA、PEG 三种聚合物共混复合改性的 QCM-D 石英晶片涂层表面的微观形貌结构有大的差异。聚合物共混改性后的石英晶片表面的球晶状突起显著降低，其中在 PVA75 膜表面仍有较为明显的球晶状结构。但三种共混改性的 PVDF 晶片涂层的平均粗糙度明显下降。由于共混掺杂的 PEG、PVP 两种聚合物材料与 PVDF 间有较好的相容性，这两种聚合物在介入 PVDF 的分子链后，能改善 PVDF 的自应力，降低分子链间的作用力，因此表面形貌相对平坦。而 PVA 自身分子间氢键作用较强，且与 PVDF 间也存在较大的分子链间的相互作用，因此其表面的团聚晶变和粗糙度相对较高。

(3) 从石英晶片涂层的微观形貌角度，能明显反映出膜材质界面自身理化性质的差异，这将导致膜界面与污染物间的相互作用行为如黏附量、黏附层结构和组织的不同。

4.3　典型有机污染物超滤膜污染行为的 QCM-D 分析与评价

BSA、HA、SA 是一般污染水体中溶解性有机污染物蛋白质、腐殖类、多糖类的代表性物质，将这三类代表性物质在膜材料修饰后的 QCM-D 石英晶片上吸附过程中ΔD 和$|\Delta f|$的变化规律与实际过滤过程中膜污染行为所导致的通

量衰减情况相结合，可以用于研究和评价常见溶解性有机物的膜污染特征。

以乙烯-乙烯醇共聚物(ethylene vinyl alcohol copolymer，EVOH)对石英晶片覆膜，分析三种典型有机污染物的代表物 BSA、SA 及 HA 在 EVOH 覆膜晶片上吸附层$|\Delta f|$和ΔD的变化规律，用以分析三种物质在 EVOH 膜界面的吸附行为。并以 EVOH 为材质制备超滤膜，根据三种典型污染物代表物在 EVOH 超滤膜上过滤过程中的比膜通量J/J_0变化规律，分析过滤实验的膜污染行为，用以对比和评价 QCM-D 技术在超滤膜污染机制分析和测定方面的应用性。

三种代表性污染物 BSA、SA 及 HA 在 EVOH 覆膜晶片上吸附层f和D的变化如图 4-6 所示。图中所示的 A 阶段表示注入超纯水运行 5min 获取稳定基线的过程；B 阶段表达了在 QCM-D 系统运行稳定之后，分别注入特定的 BSA、SA 及 HA 水溶液，持续运行 25min(B 阶段)的过程中，系统测定的D和f随时间的变化值。

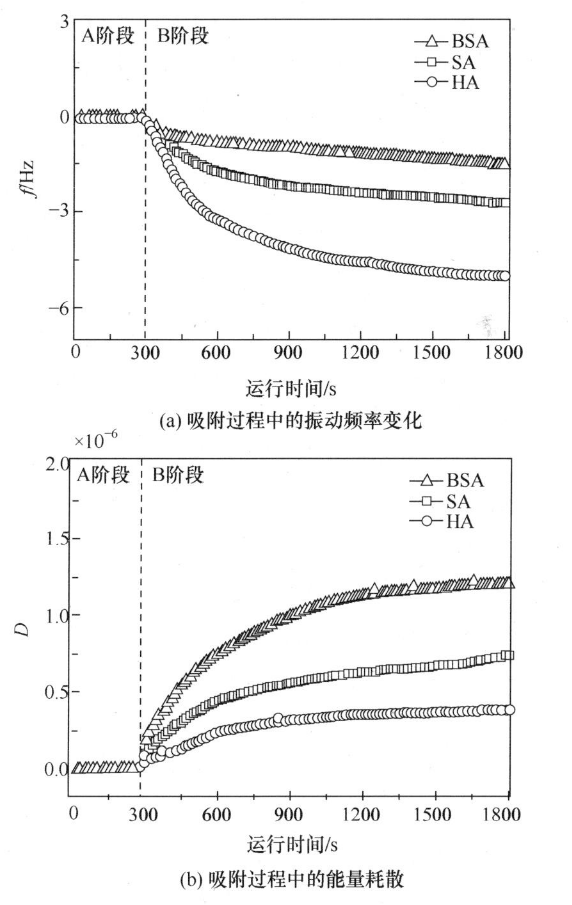

(a) 吸附过程中的振动频率变化

(b) 吸附过程中的能量耗散

图 4-6　BSA、SA、HA 在 EVOH 覆膜晶片上的吸附行为

利用 B 阶段的Δf、ΔD 值，通过$|\Delta D/\Delta f|$值随时间的变化关系，表达 BSA、SA 及 HA 污染物吸附层结构的变化规律，从而来反映吸附层的结构特征，结果见表 4-2。

表 4-2 BSA、SA、HA 条件下的$|\Delta D/\Delta f|$值

污染物	BSA	SA	HA
$\|\Delta D/\Delta f\|/(\times 10^{-8}\mathrm{Hz}^{-1})$	0.75	0.24	0.083

对图 4-6 及表 4-2 的结果分析如下：

(1) 在水溶液状态下 BSA、SA 及 HA 三种物质在 EVOH 芯片上的吸附过程中，HA 在石英晶片上吸附初期的振动频率下降较快，后期呈持续下降趋势；SA 的振动频率在初期也有较为明显的下降幅度，在 600s 后变得较为平缓；BSA 的振动频率下降较为平缓，直至在 1500s 后的吸附后期，才出现轻微的加速下降。依据各有机物的$|\Delta f|$比较分析得到：BSA 在 EVOH 膜界面的吸附量初期增速较慢，整体吸附量最低；HA 在 EVOH 覆膜石英晶片表面的吸附量最大，而 SA 介于二者之间。

(2) BSA、SA 及 HA 在 EVOH 膜界面吸附过程中，BSA 在 EVOH 覆膜的石英晶片上吸附层引起的 D 上升速率很快，在后期 1200s 后逐渐趋于平缓，说明 BSA 在初期吸附层较为松散而后期有一定程度的刚性结构，可能与 BSA 后期累积形成的压密效果有关；SA 吸附层的能量耗散因子在整个过程中均呈现为平稳上升趋势；而 HA 吸附层产生的能量耗散初期较慢，说明 HA 在 EVOH 覆膜石英晶片表面上的初期吸附形成了致密坚实的刚性吸附层，能量耗散受到了抑制。在后期继续吸附的过程中，D 上升速度仍然缓慢且无明显的起伏，说明 HA 持续形成了密实的吸附层结构。

最终，三种代表性物质 BSA、SA、HA 在 EVOH 覆膜芯片上吸附层在 1800s 内引起的能量耗散因子变化量 ΔD 依次为 1.20×10^{-6}、0.73×10^{-6} 及 0.44×10^{-6}。该数据与其在图 4-8 所示的吸附量规律也保持一致。

(3) 从表 4-2 可知，三种污染物 BSA、SA 及 HA 对应的$|\Delta D/\Delta f|$分别为 $0.75\times10^{-8}\mathrm{Hz}^{-1}$、$0.24\times10^{-8}\mathrm{Hz}^{-1}$ 及 $0.083\times10^{-8}\mathrm{Hz}^{-1}$，表明在吸附过程中，HA 在 EVOH 超滤膜表面因形成密实而刚性的吸附层结构，故能量耗散变化率较小。SA 形成的吸附层相对柔软和松散，而 BSA 在 EVOH 膜表面形成的吸附层更加松散柔软甚至为多孔结构。该结果与图 4-6 的数据变化规律高度吻合。

图 4-7 为三种代表污染物在 EVOH 超滤膜上过滤过程的比膜通量 J/J_0 随运

行时间的变化过程。

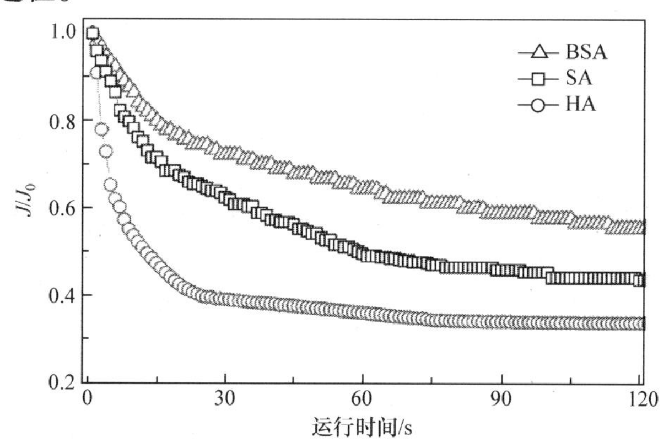

图 4-7　BSA、SA、HA 溶液超滤过程比膜通量随运行时间的变化曲线

图 4-7 的数据显示，三种污染物在 EVOH 膜上运行至 15min 时，HA 的比膜通量在短时间内即剧烈下降达 60%，说明在过滤初期即形成了较为严重的膜污染且污染层较为坚实致密；SA 在 EVOH 膜面的初期通量衰减较为缓慢，通量衰减持续至较长时间后才趋于平缓，但仍保持着缓慢的下降，说明过滤过程中 SA 在 EVOH 膜面以持续稳定的速率吸附进而黏附形成膜污染；BSA 在 EVOH 超滤膜上的过滤过程中比膜通量衰减平稳缓慢而持续，显然 BSA 在 EVOH 膜表面的初期吸附和后期黏附程度均不大。

BSA、SA、HA 在 EVOH 膜面的过滤通量衰减数据显示，以疏水且荷负电性的 BSA 等为代表的蛋白质类物质不易吸附，并因静电相斥作用黏附性较小，形成的膜污染较弱；以芳香性酸等为特征官能团的腐殖类物质能迅速形成较为严重的膜污染；多糖类物质因与 EVOH 的性质相近而以持续的吸附和黏附作用产生一定程度的膜污染。这些结果和 QCM-D 技术给出的分析结果保持了高度的一致性，显示了 QCM-D 技术对典型污染物的膜污染评价的可用性。

把 QCM-D 技术用在特定污染物对不同材质膜面的污染吸附层结构性能的研究上，通过分析特定污染物在不同材质覆膜修饰的 QCM-D 石英晶片表面上吸附层的 ΔD、$|\Delta f|$ 及 $|\Delta D/\Delta f|$ 随时间的变化特征，判断特定污染物对不同材质过滤膜的初期污染(膜与污染物作用为主)、中期污染(膜与污染物、污染物与污染物共同作用)及后期污染(污染物相互作用为主)的污染物吸附层结构的刚柔程度特性。综合分析膜的过滤通量衰减情况、反冲洗通量恢复程度等，可为针对性地膜材料选择、冲洗对策的设计提供更为实用的指导建议。

4.4　复杂水质条件下 PVDF 超滤膜膜污染行为的 QCM-D 分析与评价

以西安市某污水处理厂 A^2/O 工艺处理的出水作为复杂水质，以 PVA、PEG 和 PVP 为大分子共混改性剂，得到不同亲水性的 PVDF 复合超滤膜；以亲水接触角为膜材料的区分依据，通过旋涂相转化覆膜得到具有不同亲水特性的 PVDF 修饰的 QCM-D 覆膜芯片，用以考察和评价 QCM-D 技术解析实际水质膜污染行为。

图 4-8 为不同接触角水平下，三种共混改性 PVDF 膜材料修饰的 QCM-D 覆膜芯片表面吸附二级出水 EfOM 污染物过程中的频率和耗散随时间的变化曲线。

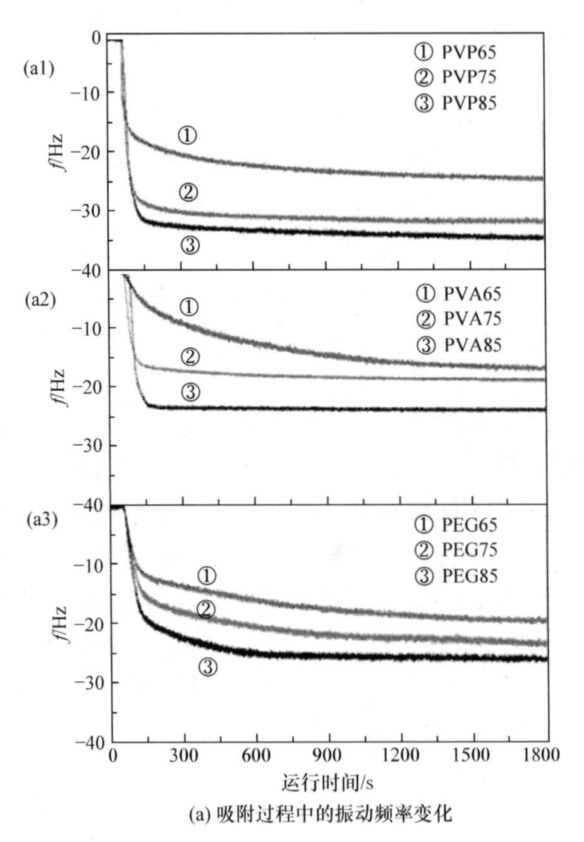

(a) 吸附过程中的振动频率变化

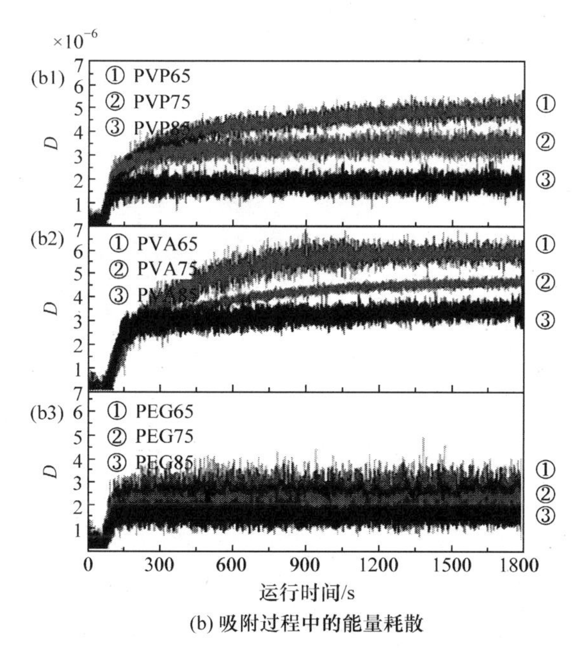

(b) 吸附过程中的能量耗散

图 4-8　不同接触角水平下三种共聚物改性 PVDF 膜材料修饰的 QCM-D 覆膜芯片表面吸附 EfOM 过程中频率 $f(a_1, a_2, a_3)$ 和耗散 $D(b_1, b_2, b_3)$ 的变化曲线

图 4-8 中关于 EfOM 污染物在 QCM-D 表面形成的吸附层质量和结构相关的两个参数 f 和 D 的变化特征如下：

(1) 图 4-8(a1～a3)中显示，在吸附初期，EfOM 污染物在所有 QCM-D 覆膜芯片上振动频率 f 均出现显著的衰减，吸附污染较为严重。在同一种添加剂改性的情况下，随着接触角减小，振动频率的衰减程度减小，膜表面吸附量减少，但在相同接触角水平下，不同添加剂改性的 QCM-D 覆膜芯片上的频率 f 变化规律不尽相同。在接触角为 85°时，相比于 PVP85，PVA85 和 PEG85 对 EfOM 的吸附量相对较小，说明添加 PVA 和 PEG 后能有效抑制 EfOM 在膜表面的吸附。

(2) 图 4-8(b1～b3)为 EfOM 污染物在不同亲水性特质的 QCM-D 覆膜芯片表面上吸附时耗散 D 的变化。其中 PEG 共混改性的三种 PVDF 覆膜芯片上的 D 值较低，变化幅度小且相互间差异不大，说明其膜面积累的 EfOM 污染层较为坚实、紧密，有一定的刚性。而 PVP 和 PVA 共混改性的 PVDF 覆膜芯片表面上，EfOM 污染物引起的能量耗散与其亲水接触角的关联度较大，亲水化程度越高，D 值越大且持续上升，说明亲水化程度较高的 PVDF 膜表面的 EfOM 污染物吸附层相对疏松。

进一步用 $|\Delta D / \Delta f|$ 值考察膜面 EfOM 污染物吸附层结构，反映污染层结构的黏弹性、流动性等性质，与膜材料亲水特性的相关性(Plunkett et al.，2003)。图 4-9 为不同接触角水平下三种共混改性 PVDF 膜材料修饰的 QCM-D 覆膜芯片表面吸附 EfOM 过程中的 D-f 曲线。

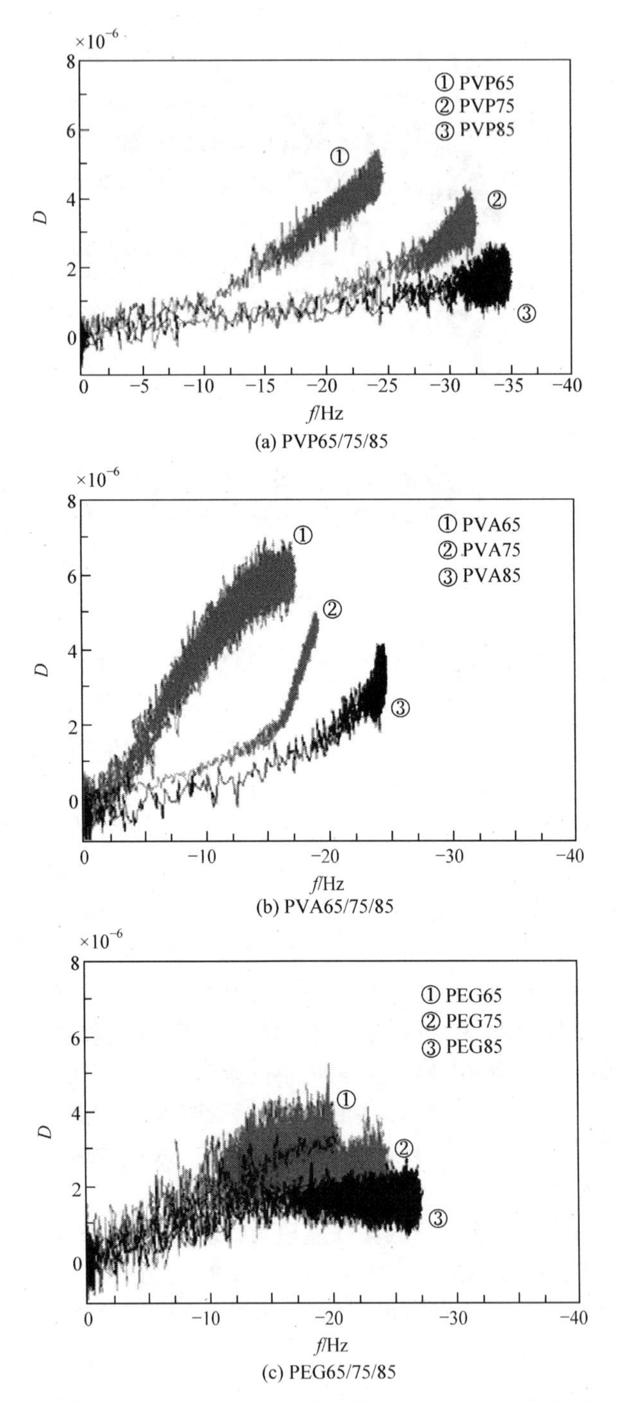

(a) PVP65/75/85

(b) PVA65/75/85

(c) PEG65/75/85

图 4-9　不同接触角水平下三种共混改性 PVDF 膜材料修饰的 QCM-D 覆膜芯片表面吸附 EfOM 过程中的 D-f 曲线

图 4-9 显示，三种不同材质共混所得亲水接触角不等的 PVDF 膜界面上，EfOM 污染物吸附层的|Δ*D*/Δ*f*|值变化规律有较大差异。

PEG 共混的三种接触角水平的 PVDF 膜材料界面的|Δ*D*/Δ*f* |值较小且极为接近，而 PVA 共混的三种接触角水平的 PVDF 膜材料界面的|Δ*D*/Δ*f* |值较大且相差悬殊，PVP 共混的三种接触角水平的 PVDF 膜材料界面的|Δ*D*/Δ*f*|的差别在吸附后期逐渐明显。

对同一接触角水平下的三种材质的共混改性 PVDF 膜材料覆膜芯片表面上 EfOM 污染物吸附层的|Δ*D*/Δ*f*|值进行对比，能明显看出，PVA 共混 PVDF 膜材料界面的|Δ*D*/Δ*f* |值明显高于 PVP、PEG 两种材质，说明 PVA 共混改性后的 PVDF 膜材料界面 EfOM 污染物吸附层组织结构疏松、弹性较大(图 4-10)。

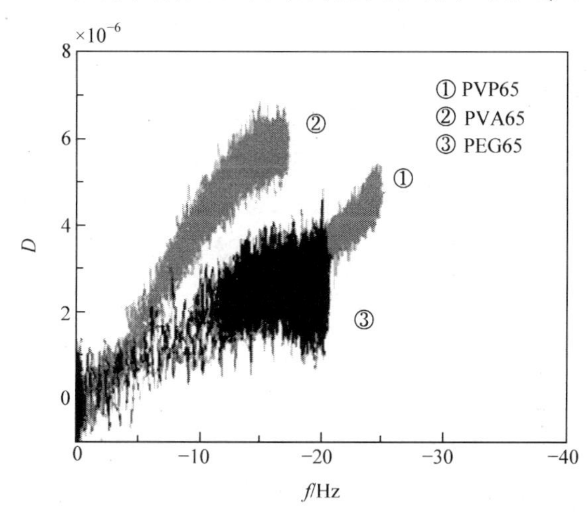

图 4-10　相同接触角水平下三种共混改性 PVDF 膜材料修饰的 QCM-D 覆膜芯片表面吸附 EfOM 过程中的 *D*-*f* 曲线

EfOM 污染物的膜污染过程分为两个阶段，在吸附初期 EfOM 迅速附着在膜表面，这一过程主要受到有机物分子与膜材料之间的相互作用的影响，吸附量受膜材料和污染物特性控制；随着 EfOM 污染物在膜表面的不断沉积，吸附量逐渐趋于平衡，此时|Δ*f*|变化很小，但Δ*D* 仍然在不断升高，使得|Δ*D*/Δ*f*|值变得更大，说明较吸附初期污染层在吸附平衡后构象上继续变化，黏弹性变大，污染层结构逐渐变得疏松(康锴等，2008)。

图 4-9 和图 4-10 的数据显示：

(1) 随着接触角的减小，两个阶段的|Δ*D*/Δ*f*|值均有明显提高，这是因为膜表面的亲水性提高，越来越多的水分子在膜面富集且与膜面的结合力增强，在吸附初期能有效阻止有机污染物分子与膜材料之间的相互作用，使得吸附初期

污染层变得疏松，并且在吸附后期形成更为疏松的污染层。

(2) EfOM 污染物在不同材质膜面的污染形成与发展机制除了与膜的亲疏水性相关，还与亲水性添加剂的化学性质密切相关。通过 QCM-D 技术对材料界面 EfOM 污染物吸附行为进行解析，更加清晰地揭示了亲水化改性对 PVDF 超滤膜界面抗污染性能的作用机制：主要改善了有机物在初期阶段膜面的吸附能力，且形成较为疏松而有弹性的吸附层，从而有效抑制了污染物在后期的积累。这对于提高膜的抗污染性有着非常重要的意义。

上述结果还为水处理膜分离技术提供了以下启发：

(1) QCM-D 膜材料芯片对污染物吸附量与吸附层结构的分析，可以评价膜材质受污染的程度，为特定水处理的膜材料的选择提供依据。

(2) 对膜材料进行抗污染改性的生产技术提供改性复合材料的选择和材料配比的依据，以提高抗污染膜改性的针对性。

(3) 对既定的水质条件和膜材料，通过 QCM-D 的污染物吸附层结构的评价结果，为膜性能恢复方法和技术提供依据。

4.5 无机盐协同 BSA 超滤膜污染行为的 QCM-D 分析与评价

水溶液中的无机盐与有机物分子间可通过静电中和、配位、络合等多种化学相互作用改变有机物的理化性质。高浓度的电解质甚至会导致有机物絮凝、团聚等较大的变化，从而改变有机污染物在水处理膜界面的膜污染行为(Yu et al.，2010；Ang et al.，2008；Singh et al.，2005)。通过 QCM-D 结合滤膜过滤过程中的宏观膜污染特征，综合评价无机盐的离子浓度对溶解性有机物膜污染行为的影响(Miao et al.，2015)。

实时监测含有不同浓度 NaCl 的 BSA 溶液在 PVDF 旋涂覆膜修饰的 QCM-D 覆膜芯片表面吸附过程中，QCM-D 覆膜芯片的振动频率及耗散因子变化规律，以分析盐离子浓度对 BSA 在膜面的污染和吸附行为。图 4-11 为 NaCl 浓度分别为 0mmol/L、1mmol/L、10mmol/L、100mmol/L 时，BSA 在 PVDF 修饰的 QCM-D 覆膜芯片表面的吸附行为。

图 4-11 中，在以超纯水获得稳定基线的 A 阶段后，注入特定 NaCl 浓度的 BSA 溶液，即进入持续运行 25min 的 B 阶段 BSA 污染试验。由图可以看出，B 阶段内 BSA 吸附层导致石英晶片的振动频率变化$|\Delta f|$和能量耗散因子变化ΔD，反映的膜污染特点如下：

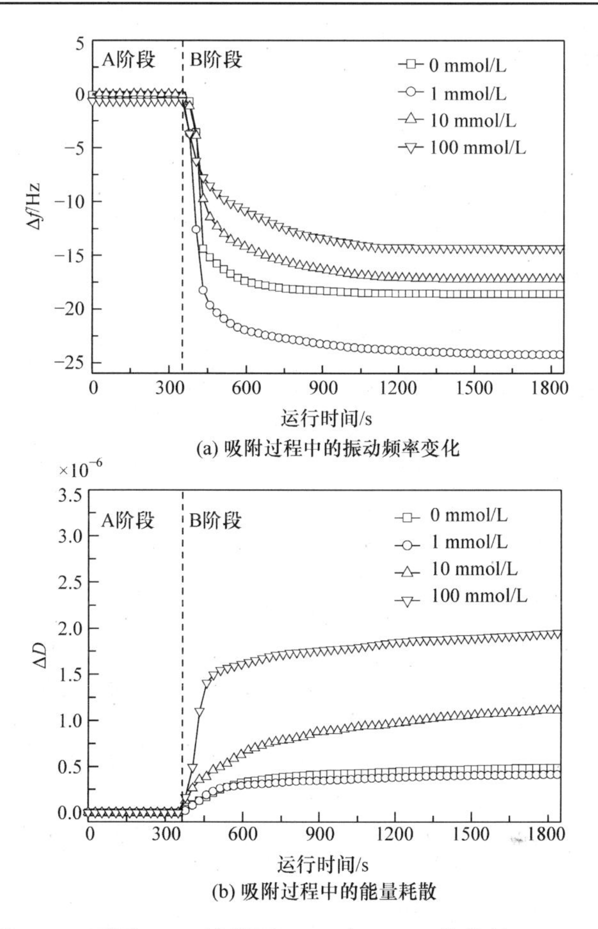

(a) 吸附过程中的振动频率变化

(b) 吸附过程中的能量耗散

图 4-11 不同 NaCl 浓度下 BSA 在 PVDF 修饰的 QCM-D 覆膜芯片表面的吸附行为

(1) 图 4-11(a)中，与不含 NaCl 的 BSA 溶液相比，含有 1mmol/LNaCl 的 BSA 溶液在 PVDF 修饰的 QCM-D 覆膜芯片上的吸附层引起的振动频率变化 $|\Delta f|$增大 24.3Hz，但在 NaCl 浓度为 10mmol/L 和 100mmol/L 时，$|\Delta f|$分别减小到 17.2Hz 和 14.3Hz。由于$|\Delta f|$的变化量与吸附量成正比关系，当 NaCl 浓度为 1mmol/L 时 BSA 吸附量最高。

(2) 图 4-11(b)中，NaCl 浓度在 10mmol/L 及 100mmol/L 时，BSA 吸附层引起的能量耗散变化ΔD 明显比低盐度(1mmol/L)和无盐度条件下高。能量耗散因子变化ΔD 越大，说明吸附层结构越疏松。BSA 在高盐度下易与无机离子间通过离子架桥、絮凝等作用团聚，导致膜面的吸附层结构疏松多孔。低盐度或无盐条件下的 BSA 自身的静电作用较弱而在膜面形成了较为紧密的吸附层。

表 4-3 为不同的 NaCl 浓度下 B 阶段 PVDF 修饰的 QCM-D 覆膜芯片上 BSA

吸附层的$|\Delta D/\Delta f|$值。

表 4-3　不同 NaCl 浓度下$|\Delta D/\Delta f|$值

NaCl 浓度/(mmol/L)	0	1	10	100
$\lvert\Delta D/\Delta f\rvert$ ($\times10^{-8}Hz^{-1}$)	2.6	1.7	5.9	13.6

表 4-3 中数据显示，1mmol/L 的 NaCl 浓度下 BSA 吸附层的$|\Delta D/\Delta f|$最低为 $1.7\times10^{-8}Hz^{-1}$，与无盐环境下 $2.6\times10^{-8}Hz^{-1}$ 的$|\Delta D/\Delta f|$值相比变化不大，单位质量的 BSA 吸附层能量耗散最小，说明 BSA 吸附层为刚性结构。

但在 NaCl 浓度增加到 10mmol/L 后，$|\Delta D/\Delta f|$值明显增大，在 100mmol/L 时高达 $13.6\times10^{-8}Hz^{-1}$。如此高的能量耗散，说明在高盐度下 BSA 吸附层更加疏松柔软，可能与高盐度下蛋白质因絮凝、团聚等行为以及水合排斥力逐渐增强，削弱了 PVDF-BSA 及 BSA-BSA 之间的作用力相关。

参 考 文 献

陈超杰, 蒋海峰, 2014. 石英晶体微天平的研究进展综述[J]. 传感器与微系统, 33:5-7.

黄丹曦, 2016. 基于 EfOM 的 PVDF 超滤膜共混改性及膜抗污染机理解析[D]. 西安: 西安建筑科技大学.

康锴, 卢滇楠, 张敏莲, 2008. 动态 Monte Carlo 模拟蛋白质与微滤膜相互作用及其对微滤过程的影响[J]. 化工学报, 58(12): 3011-3018.

刘光明, 张广照, 2008. 石英晶体微天平在高分子科学中的应用[J]. 高分子通报, (8): 174-188.

邱桢毅, 王莹, 2016. 耗散型石英晶体微天平处理膜污染研究进展[J]. 水处理技术, (12): 24-28.

同帜, 董旭娟, 王赛, 2014. Al_2O_3 薄膜的疏水改性及表征[J]. 膜科学与技术, 34(6): 62-66.

王磊, 黄松, 黄丹曦, 2016. QCM-D 研究 BSA 在不同改性 PVDF 超滤膜表面的吸附行为[J]. 哈尔滨工业大学学报, 48(8): 78-83.

ANG W S, ELIMELECH M, 2008. Fatty acid fouling of reverse osmosis membranes: Implications for wastewater reclamation[J]. Water Research, 42(16): 4393-4403.

CONTRERAS A E, STEINER Z, MIAO J, 2011. Studying the role of common membrane surface functionalities on adsorption and cleaning of organic foulants using QCM-D[J]. Environmental Science & Technology, 45(15): 6309-6315.

FEILER A A, SAHLHOLM A, SANDBERG T, et al., 2007. Adsorption and viscoelastic properties of fractionated mucin (BSM) and bovine serum albumin (BSA) studied with quartz crystal microbalance (QCM-D)[J]. Journal of Colloid & Interface Science, 315(2): 475-481.

HASHINO M, HIRAMI K, ISHIGAMI T, 2011. Effect of kinds of membrane materials on membrane fouling with BSA[J]. Journal of Membrane Science, 384(1/2): 157-165.

JORDAN J L, FENNANDEZ E J, 2008. QCM-D sensitivity to protein adsorption reversibility[J]. Biotechnology & Bioengineering, 101(4): 837-842.

KANAZAWA K K, GORDON J G, 1985. Frequency of a quartz microbalance in contact with liquid[J]. Analytical Chemistry, 57(8), 1770-1771.

KUNZE A, ZACH M, SVEDHEM S, et al., 2011. Electrodeless QCM-D for lipid bilayer applications[J]. Biosensors & Bioelectronics, 26(5): 1833-1838.

MAXIMOUS N, NAKHLA G, WAN W, 2009. Comparative assessment of hydrophobic and hydrophilic membrane fouling in wastewater applications[J]. Journal of Membrane Science, 339(1): 93-99.

MIAO R, WANG L, MI N, et al., 2015. Enhancement and mitigation mechanisms of protein fouling of ultrafiltration membranes under different ionic strengths[J]. Environmental Science & Technology, 49(11): 6574-6580.

NILEBACK E, FEUZ L, UDDENBERG H, 2011. Characterization and application of a surface modification designed for QCM-D studies of biotinylated biomolecules[J]. Biosensors and Bioelectronics, 28(1): 407-413.

NOMURA T, OKUHARA M, 1982. Frequency shifts of piezoelectric quartz crystals immersed in organic liquids[J]. Analytica Chimica Acta, 142: 281-284.

PAUL R, DAVID F, PERRY C C, 2005. Interpretation of protein adsorption: Surface-induced conformational changes[J]. Journal of the American Chemical Society, 127(22): 8168-8173.

PLUNKETT M A, CLAESSON P M, EMSTSSON M, et al., 2003. Comparison of the adsorption of different charge density polyelectrolytes: A quartz crystal microbalance and X-ray photoelectron spectroscopy study[J]. Langmuir, 19(11): 4673-4681.

QUEVEDO I R, TUFENKJI N, 2009. Influence of solution chemistry on the deposition and detachment kinetics of a Cd Te quantum dot examined using a quartz crystal microbalance[J]. Environmental Science and Technology, 43: 3176-3182.

RODAHL M, KASEMO B, 1996. On the measurement of thin liquid overlayers with the quartz-crystal microbalance[J]. Sens Actuators A, 54(1-3): 448-456.

SAUERBREY G, 1959. The use of quartz oscillators for weighing thin layers and for microweighing[J]. Zeitschrift für Physik A,155: 206-212.

SINGH G, SONG L, 2005. Quantifying the effect of ionic strength on colloidal fouling potential in membrane filtration[J]. Journal of Colloid and Interface Science, 284(2): 630-638.

TSORTOS A, PAPADAKIS G, GIZELI E, 2008. Shear acoustic wave biosensor for detecting DNA intrinsic viscosity and conformation: a study with QCM-D[J]. Biosensors & Bioelectronics, 24(4): 836-841.

WANG J, WANG L, MIAO R, et al., 2016. Enhanced gypsum scaling by organic fouling layer on nanofiltration membrane: Characteristics and mechanisms[J]. Water Research, 91: 203-213.

WANG X, CHENG B, JI C, et al., 2017. Effects of hydraulic retention time on adsorption behaviours of EPS in an A/O-MBR: biofouling study with QCM-D[J]. Scientific Reports, 7(1): 2895.

WANG X D, HUANG D X, CHE N B T, 2018. New insight into the adsorption behaviour of effluent organic matter on organic-inorganic ultrafiltration membranes: a combined QCM-D and AFM study[J]. Royal Society Open Science, 5(8): 180586.

YU Y, LEE S, HONG S, 2010. Effect of solution chemistry on organic fouling of reverse osmosis membrane in seawater desalination[J]. Journal of Membrane Science, 351: 205-213.

第 5 章　纳滤膜污染机制的微观作用评价

5.1　纳滤膜与纳滤膜污染

5.1.1　纳滤膜

纳滤膜具有纳米级孔结构，孔径介于反渗透膜和超滤膜之间，切割分子量通常为 200～1000。纳滤膜面通常荷电，可与各种价态的离子和多种带电物质之间形成不同的 Donann 电位，因此纳滤膜能同时截留有机污染物、无机盐、胶体、细菌和病毒等，而对人体所需的部分一价盐离子具有较大的选择透过性。

纳滤膜通常具有较强的机械强度和优良的抗污染能力；系统的操作压力较低，并且在常温下即可进行，不会产生相变及化学反应；系统运行维护方便，经济效益较好。这些优势使得纳滤膜在饮用水净化、污废水处理、医药废水处理、食品加工废水处理等多种生产、生活领域中获得越来越广泛的发展和应用。

5.1.2　纳滤膜污染及分类

1. 纳滤膜污染

和所有膜系统运行的情况一样，随着系统运行时间的增长，纳滤膜不可避免地会受到污染，从而导致渗透通量减小，出水水质变差，膜的反冲洗频率增加，使用寿命缩短，系统运行维护的负担加重，运行成本增加等。掌握纳滤膜污染的原因，提出有效的膜污染防治办法，对纳滤系统的长期稳定运行至关重要。

纳滤膜污染是指在过滤过程中，被处理料液中的某些组分与纳滤膜存在物理化学作用或机械作用，从而吸附、沉积在纳滤膜表面或者进入到膜孔中，导致膜孔窄化甚至将膜孔堵塞，渗透阻力增大，阻碍膜表面溶质的溶解扩散，造成纳滤膜通量和产水水质下降的现象。由于污染物占据了纳滤膜内部部分通道，限制了膜组件中的水流流动，增加了水头损失，促使系统能耗增加和膜更换周期缩短。

2. 纳滤膜污染的分类

原水中存在的许多物质会对纳滤膜造成污染。根据造成纳滤膜污染的主要污染物的不同，将纳滤膜污染分为有机污染、无机污染、胶体污染和生物污染四大类(马琳等，2007)。

1) 有机污染

纳滤膜的有机污染是指以有机物为主要污染物的膜污染。自然水体中的天然有机物(natural organic matter, NOM)是造成有机污染的根本因素。根据 NOM 的亲疏水性的差异可以分为疏水性、过渡疏水性和亲水性三种，疏水性有机物主要是大分子物质如腐殖酸，过渡疏水性有机物主要是指富里酸，而亲水性有机物主要包括多糖、蛋白质和氨基酸等物质。由于各组分物质的分子结构、特征官能团、亲水性、荷电情况等物理化学特性各不相同，对纳滤膜的污染影响也不同。

2) 无机污染

纳滤膜的无机污染主要是指原水中的无机离子被纳滤膜截留后，大量难(微)溶性无机盐的浓度超过其溶解度后在膜表面积累、结垢而造成膜污染的现象。碳酸钙、硫酸钙、硫酸钡、硅酸盐等为结垢层中的主要无机物，其中以碳酸钙和硫酸钙最为常见。无机结垢在膜系统内一经生成，很难用常规处理办法去除。其中硫酸盐结垢的清除极为困难，需通过各种方式积极预防或在结垢物形成初期尽早察觉、及时抑制。

3) 胶体污染

根据胶体颗粒和膜孔的相对大小关系，胶体污染的发生可能是胶体颗粒在膜面累积或渗透到膜孔内，从而造成膜污染。造成胶体污染的物质主要有黏土矿物、胶体二氧化硅、金属(铁、铝和锰)氧化物、有机胶体类物质、悬浮物和无机盐沉淀等。

4) 生物污染

当原水中含有大量微生物时，它们会在膜表面沉积、生长，新陈代谢的同时会释放有机溶质堵塞膜孔，最终在膜表面形成一层增加渗透阻力的凝胶层，从而导致膜污染。这一污染过程称为生物污染。生物污染可能会出现在所有膜生物处理系统中。生物污染以杆菌为主，其次为孢子、短杆菌、球菌以及丝状菌等。通常微生物胞外聚合物的形成和积累是生物污染导致膜通量衰减的主要诱因。

5.2　纳滤膜污染的影响因素及特征

水中常见的有机污染物通常含有羧基、氨基、羟基等官能团，在一定的溶液环境中会发生解离，且不同有机物分子的构型多变。通常认为有机物从溶液中吸附到膜面的物化作用力主要有范德瓦耳斯力、氢键作用力、静电排斥力、疏水作用力。有机物和膜之间的范德瓦耳斯力、氢键作用力、疏水作用力越强，则膜面越容易发生有机污染；有机物和膜之间的静电排斥力越强，则膜面越不易受到有机物污染。

纳滤膜无机污染的形成方式有两种：膜面过饱和溶质析出晶体或膜面杂质形成晶核结晶，并不断沉积形成盐垢堵塞膜孔，此过程称为非均相结晶；过饱和溶液中的离子在自由运动中相互碰撞形成晶核，当晶核长至临界尺寸后沉淀到膜表面形成滤饼层，此过程称为均相结晶。当主体浓度饱和时，上述两种结晶方式形成的污染可能同时发生。

无机盐的结晶和膜面结垢层的生成过程受众多物理和化学因素的影响，这些因素可以改变难(微)溶矿物盐的溶解度和饱和度，沉积物的结构和形貌等，从而影响无机污染。

由 DLVO 理论可知，胶体与膜表面之间的作用力包括范德瓦耳斯力和静电排斥力。胶体颗粒和膜之间的范德瓦耳斯力越强，则膜面越容易受到胶体污染；胶体和膜之间的静电排斥力越强，则膜面越不易受到胶体污染。因此，原水中存在的胶体类型、浓度及其理化性质(如荷电情况、尺寸大小、构造等)对所形成的污染层结构和水力阻力有显著影响，也直接影响胶体污染的特征。同样地，胶体的许多重要理化性质又受到溶液化学特征(如 pH、离子强度、离子组成)的影响。

Flemming 等(1988)根据微生物对多种膜表现出的亲和性特征，提出微生物污染膜的四阶段理论。

第一阶段：大分子量有机物(腐殖质、聚糖脂、其他微生物的代谢产物等)的吸附过程，该过程为微生物的生存提供有利条件。

第二阶段：一部分细胞先附着于膜表面，完成初期黏附。

第三阶段：大量菌种黏附于膜面形成微生物的集群生长，并与胞外聚合物一起形成早期的生物膜。

第四阶段：生物膜形成，阻塞膜孔并不可逆转，导致产水阻力增加。

根据各类膜污染形成的过程分析，纳滤膜污染通常受以下因素的影响：原水的 pH、离子种类、离子强度和浓度，有机污染物种类、性质、含量等特征，纳滤膜的材料、结构、表面化学性质等特性，以及纳滤膜的渗透通量、系统操作压力、错流速度、温度、浓缩比等运行条件等。

5.2.1　原水水质的影响及特征

1) pH 的影响及特征

pH 会影响有机污染物官能团的解离，改变有机物的荷电性、疏水性、分子链间静电排斥力、分子构型等，同时会影响膜面官能团的解离，改变其荷电特征，从而改变有机物和纳滤膜之间的静电力、疏水力等物化作用力，影响有机污染行为(Wang et al.，2017)。溶液 pH 会对难(微)溶性矿物盐的结垢行为产生影响，$CaCO_3$ 沉淀的生成随着 pH 的增大而增多，而 $CaSO_4$ 沉淀会在 pH 为 3～9 时生成(Her et al.，2000)。胶体表面带电性也与溶液 pH 有关。

2) 离子浓度的影响及特征

溶液的离子强度对纳滤膜的有机污染具有重要影响。有研究发现，随着原液离子强度的升高，有机物分子之间以及有机物和膜面之间的静电排斥力减小，有机物分子蜷缩，从而进入膜孔并堵塞膜孔，而膜面的污染层也会变得更加致密，导致纳滤膜有机污染加重(Hong et al.，1997)。

溶液在达到过饱和状态后才会诱发无机物在膜面的结垢，因此增大结垢盐的过饱和度可以加速无机结垢的发生。增大溶液离子强度会使难(微)溶性无机盐在溶液中的溶解度降低，促进晶体生长和结垢形成。离子强度会影响膜面的带电特征并对污染物产生电荷屏蔽作用，当离子强度增大时，膜面形成的滤饼层更加致密，污染层阻抗作用更强，故膜通量衰减幅度增大(Al-Amoudi，2010)。

溶液的离子强度还会影响胶体表面的带电性，从而影响胶体污染特征。

3) 离子组成的影响及特征

纳滤膜表面、原水中的有机物、无机离子之间存在多种相互作用，使得纳滤膜的污染机理非常复杂。二价阳离子会使有机物和纳滤膜面的负电量减小，可以与荷负电的有机物的官能团结合，使有机物分子连接形成聚集体，也可作为某些有机物与膜面之间连接的“桥梁”(Mo et al.，2011；Law et al.，2010)。此外，有机污染还受到与之共存的其他无机离子的影响。有机污染的形成及类型与无机离子的种类和含量密切相关，目前尚无统一结论(魏源送等，2017；Contreras et al.，2009；Hong et al.，1997)。

溶液的离子组成对矿物盐的结垢行为有重要影响，如碳酸盐和硫酸盐的共沉淀作用可以强化纳滤膜的无机污染，并影响膜面结垢层的形貌和结构(Her et al.，2000)。

某些离子和胶体之间的特异性作用可能影响胶体表面带电性，从而对胶体污染特征产生影响。

4) 有机物组分的影响及特征

相比亲水性有机物，疏水性有机物更容易吸附到纳滤膜面，是造成膜污染的主要原因。大分子量有机物容易形成污染层，且二价阳离子对大分子量有机物比对小分子量有机物膜污染行为的影响更显著。溶液中存在的有机物会影响无机结垢过程，或与矿物盐发生共沉淀。有机物的某些官能团与胶体之间的特异性作用也可能影响胶体污染特征(张晓婷等，2016；Hong et al.，1997)。

5) 有机物分子荷电性与极性的影响及特征

通常情况下，有机物分子大多荷电，因此有机物分子的纳滤截留特性不仅受筛分作用的影响，还受静电作用的影响(Lee et al., 2009)。当有机物的尺寸与纳滤膜孔径相当时，有机物分子的截留主要为筛分作用，静电作用的影响很小；当有机物分子的尺寸远远小于纳滤膜孔径时，静电作用对有机物的截留影响较大。

有机物分子的偶极矩会促使分子沿着垂直于膜面的方向排列，使得分子更容易进入膜孔，从而影响纳滤膜的有机污染。通常对大小几乎一样的有机物分子而言，纳滤膜对偶极矩大的分子的截留率比对偶极矩小的分子的截留率低。

6) 胶体浓度和尺寸的影响及特征

当胶体浓度增大时，胶体污染程度加重；尺寸小的胶体颗粒会进入膜孔内堵塞膜孔，加剧膜污染，而较大的胶体颗粒会在膜表面沉积形成滤饼层，引起的膜污染对纳滤膜性能的影响与滤饼层的结构有关(Tang et al., 2011)。

7) 预处理工艺残留物的影响及特征

自然水域中含有的多种微生物会污染纳滤膜，并且原水预处理工艺如辅助除去悬浮物体的絮凝剂以及纳滤和反渗透设备常用阻垢剂等，能够给微生物制造适合成长的温床，导致生物污染的发生。

5.2.2 纳滤膜性能的影响及特征

相同的水质条件下，不同纳滤膜所产生的有机污染有所不同，这与纳滤膜的理化特性(如材质、孔径、表面性质、粗糙度等)密切相关。通常来说，受吸附和膜孔堵塞的影响，孔径大的纳滤膜比孔径小的纳滤膜更容易发生有机污染。较粗糙的膜面有利于有机物在纳滤膜面的沉积(张立卿等，2009)。

无机污染行为特点受纳滤膜面粗糙度的影响。较粗糙的膜面有利于无机污染的形成，这是因为增大表面粗糙度有助于物质在固体表面的黏结，有利于晶体附着(张晓婷等，2016)。

胶体污染在很大程度上也受纳滤膜性能(如渗透能力、膜面粗糙度、带电性、疏水性等)的影响。通常胶体颗粒会优先积累在膜面较低处，导致“谷堵塞”；表面光滑、亲水且带电量低的纳滤膜在膜污染初期表现出较好的抗污性能(Tang et al., 2011)。

膜表面性质的差异是微生物吸附性能的一个至关重要的影响因素，进而影响生物污染特征和机理。

5.2.3 系统操作条件的影响及特征

1)渗透通量的影响及特征

纳滤过程中渗透液的拖曳作用力垂直于膜面，在较高的渗透通量下，渗透拖曳作用越强，甚至大于纳滤膜对污染物的静电排斥作用，使有机污染较严重。水力学条件(如膜通量、错流速度等)影响纳滤膜表面的传质速率，对胶体污染的影响很大。通常情况下，膜通量较高且/或错流速度较低时，边界层厚度较大并且浓差极化现象较为严重，因此胶体污染比较严重(Kilduff，2004)。

2) 操作压力的影响及特征

多数情况下，操作压力越大，则有机污染层越致密，有机污染越严重。

提高操作压力，会使水分子透过膜的速率加快，从而使膜表面边界层和本体溶液中的溶质浓度增大。减小错流原液的剪切力，增大操作压力有助于纳滤膜面上滤饼层的形成(Al-Amoudi，2010)。因此，较高的操作压力对均相结晶和非均相结晶的发生都有利。

3) 错流速度的影响及特征

错流速度影响有机物在纳滤膜面的沉积速率，较高的错流速度可以加强对膜表面的冲刷作用，不利于有机物在膜面的积累，从而减缓膜污染(Seidel，2002)。

错流速度对无机晶体的形成，尤其是对均相结晶有很大的影响。错流速度增大，浓差极化作用减弱，无机结晶沉积到膜面的速率和概率减小(Al-Amoudi，2010)。增大错流速度还能加强污染物从膜面附近区域向本体溶液中的反向扩散和传质，使膜面溶质浓度降低，膜污染减轻。

4) 温度的影响及特征

温度会影响水的黏度以及无机盐和无机颗粒的溶解度和传质系数。随着水温的升高，膜渗透通量增大，无机物的传质系数增大，污染物向膜面的对流传输作用增强，则膜污染严重。此外，温度还影响无机盐的溶解度和过饱和度，以及纳滤膜的胶体污染特征(Mohammad et al.，2015)。

5) 浓缩比的影响及特征

纳滤系统运行时如果采用较高的浓缩比通常会加剧纳滤膜污染，并使膜清洗效率降低。浓缩比也会影响纳滤膜的胶体污染特征(Chen et al.，2015)。

5.2.4 浓差极化作用的影响及特征

浓差极化作用会加速有机物或胶体对膜的污染，对膜表面结晶也有直接的影响，即使本体溶液中盐浓度处于不饱和或临界饱和状态，浓差极化作用也可使膜面的无机盐浓度达到过饱和。浓差极化作用受操作条件如通量和回收率、溶液化学特性、温度、膜性能和膜组件构型等因素的影响。低错流速度和高操作压力有利于非均相结晶，而适中的错流速度和高操作压力有助于均相结晶。在小型死端过滤实验中，无论原液是否搅拌，在较强的浓差极化作用下，表面结晶都主导着结垢的形成。

5.3 纳滤膜污染的分析与表征方法

利用多种分析方法从宏观或者微观角度探索纳滤膜污染的特征，将这些参数的变化特征相结合，有助于全面地分析纳滤膜污染的形成机理。目前对纳滤膜污染特征的分析方法主要分为：以通量下降直观表征膜污染程度，对污染膜表面形貌和荷电等表征分析，以清洗液成分分析或污染层组分分析判断膜污染物的成分与含量三大类。选择哪种表征方法通常取决于所研究的膜污染物的种类和样品的性质(郭驭等，2017)。

5.3.1 污染膜的表面物理特征分析与表征

SEM 可以观察受污染纳滤膜表面的形态特征；透射电子显微镜(transmission electron microscope，TEM)比 SEM 的分辨率更高，可以分析污染层内部的晶体结构；AFM 可以测定膜表面形貌，提供膜表面的三维立体形态图，还可通过粗糙度来表征纳滤膜污染前后表面的粗糙情况变化特征；固体表面 Zeta 电位仪能测定膜面 Zeta 电位，可以分析污染前后纳滤膜表面荷电的变化情况等。

5.3.2 污染膜的表面化学特征分析与表征

衰减全反射傅里叶变换红外光谱仪(attenuated total reflection-Fourier transform infrared spectrometer，ATR-FTIR)能测定纳滤膜表面污染层中有机物所含的官能团种类和丰度。能量色散 X 射线谱 (X-ray energy dispersive spectrum，EDS)可以测得污染层的元素组成和相对含量。X 射线光电子能谱(X-ray photoelectron spectroscopy，XPS)可以对污染纳滤膜表面的元素含量进行定量，并可获取污染层的元素组成、含量、分子结构和化学键等相关信息。接触角仪能测定纳滤膜表面接触角的大小，从而获取纳滤膜污染前后的亲疏水性变化情况。X 射线衍射(X-ray diffraction，XRD)能测定无机晶体的结构，通过与已知晶态物质的 XRD 谱图对比，可定性分析样品的相组成和结构；通过对衍射强度的计算，还能定量分析样品的相组成。

5.3.3 污染膜的表面生物特征分析与表征

激光扫描共聚焦显微镜(confocal laser scanning microscope，CLSM)能测定污染膜表面的生物膜厚度和结构，显示生物膜的三维立体图像。将污染膜置于无菌水中超声处理，再通过异养菌平板计数(heterotrophic plate count，HPC)或生物荧光法分析三磷酸腺苷(adenosine triphosphate，ATP)浓度，可以确定活性生物量。

除上述常见的分析方法外，随着仪器科学的不断发展，一些新的分析方法和表征手段也逐渐开始应用于纳滤膜污染的研究之中(Hou et al.，2009)。

5.4 纳滤膜的复合污染作用

在纳滤膜污染过程中，初期膜污染受污染物和纳滤膜之间的相互作用影响，随着系统运行时间的延长，污染物不断在纳滤膜表面吸附、沉积，黏附在纳滤膜表面的污染物极有可能改变膜面的物化性质，因此后续的膜污染过程则与污染物和污染物之间的相互作用有关(郭驭等，2017；Le Gouellec et al.，2002)。在实际纳滤工艺系统运行中发生的膜污染，一般不以有机污染、无机污染、胶体污染和生物污染中的一种形式独立存在，而是通过交互的方式并存，以复合污染的特征呈现出来，多种污染之间发生协同或拮抗效应。

纳滤膜污染的机制复杂，一般认为纳滤膜污染包括几个阶段：首先是大分子量有机物在膜面吸附，使膜表面特性改变(如增加疏水性或改变膜荷电特征)，并导致膜通量变化，造成有机污染；随后微生物和胞外有机物附着，最终诱发生物膜的形成并加重无机结垢，造成无机及微生物污染，因此膜污染呈现复合污染的特征。大分子量有机物通常含有多种官能团且构型复杂，故性质多样，现有的研究普遍认为有机污染对其他类型的膜污染有很大的影响。

5.4.1 复合污染的协同作用

不同类型的膜污染之间的复合污染协同作用特征有所不同，NOM 中的不同组分在纳滤膜污染过程中发挥的作用也不尽相同。一般认为疏水膜比亲水膜更容易吸附有机物，当纳滤膜表面累积的芳香化合物越多，疏水性越强，并且在 Ca^{2+}的协同作用下污染膜的疏水性还会进一步增强。大分子量有机污染物还可以吸附到胶体上，改变其表面性质，使胶体表面因有机污染物的包裹而带负电，从而对溶液中的胶体起到稳定作用。共存的污染物不同所造成的纳滤膜复合污染机理不同，诸多研究对协同影响作用的观点也各异(Heffernan et al.，2014；Contreras et al.，2009；Lee et al.，2005)。

5.4.2 复合污染的拮抗作用

原水中共存的两种或两种以上的污染物不仅会对纳滤膜的复合污染发生协同作用，还可能发生拮抗作用。

两种不同的污染物共存时，它们对纳滤膜复合污染的拮抗作用特征受污染物类型的影响。多种物质共存时，由于不同物质之间的相互作用有差异，不同物质对纳滤膜复合污染的拮抗作用的效力不同。在纳滤膜的复合污染过程中，共存的多种污染物之间的相互作用会对膜污染特征产生影响，而这种相互作用的结果不仅受污染物类型的影响，也受原水中每种污染物自身浓度的影响(Teixeira et al.，2013；Listiarini et al.，2011；Mo et al.，2011；Contreras et al.，2009；Le Gouellec et al.，2002)。

5.5　纳滤膜有机–无机复合污染的特征与微观作用机制评价

在纳滤过程中，无机离子的浓缩倍数较高，当原水中无机离子的浓度较高时，纳滤膜表面的溶液中难溶性无机盐浓度可能会超过其溶解极限，进而在膜面结垢。实际应用中，有机污染物与难溶性无机盐同时存在于原水，与难溶性无机盐相结合对纳滤膜形成复合污染，这种有机–无机复合污染对纳滤膜机能的影响则更为复杂(Lee et al.，2009)。

在天然原水的纳滤处理过程中，硫酸钙和硅酸盐是最容易造成膜系统结垢的难溶性无机盐之一。原水预处理或化学清洗难以有效阻止硫酸钙和硅酸盐结垢，因此如何有效地控制硫酸钙和硅酸盐结垢，是纳滤膜分离系统广泛应用面临的难题。为了有效控制纳滤膜复合污染，需要对复合污染的机制进行深入研究和科学地评价。

5.5.1　有机–无机复合污染的特征分析

在有机污染物与无机盐共同存在的纳滤系统的运行过程中，有机污染通常先于无机污染形成，而膜表面生成的有机污染层很可能会改变纳滤膜的表面特性，从而导致无机污染行为发生改变。

纳滤膜的有机污染阶段在过滤开始的初期即会发生，导致膜通量衰减明显。经历一段时间后，通量衰减趋于平缓，纳滤膜通量逐渐达到稳定。研究表明，不同的有机污染物造成的通量衰减幅度有所差异。有机污染层厚且致密，则通量衰减幅度通常较大，反之亦然。这个阶段膜污染主要是由有机物造成的，因此称为有机污染阶段。

纳滤膜的无机污染阶段主要发生在有机污染稳定后，体系中与有机物共存的难(微)溶性无机盐，特别是浓度较高的难(微)溶性无机盐，在膜面溶液中的浓度逐渐升高，从而达到饱和或过饱和状态，进而形成结晶和结垢，导致纳滤膜的通量急剧下降。天然原水中的硫酸钙和硅酸盐是很容易造成纳滤膜结垢污染的典型无机盐，常被作为标志物进行纳滤膜无机污染特征和机制的研究。

当有机物和无机物共存时，不同有机物对其有机污染层表面形成的无机结垢的影响不同。通量衰减是评价纳滤膜污染程度常用的指标。图 5-1 为有机-无机复合污染过程中，纳滤膜面形成稳定的有机污染层条件下以及新膜条件下，硫酸钙污染阶段内有机污染膜和新膜的比膜通量衰减曲线。图中纵坐标 J'/J_1 表示的是硫酸钙结垢过程中任意时刻的膜通量 J' 与结垢阶段初始通量 J_1 的比值(王佳璇，2018)。

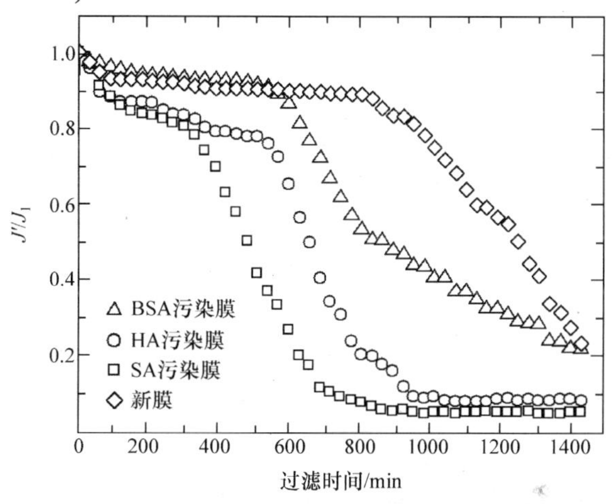

图 5-1 硫酸钙污染阶段内有机污染膜和新膜的比膜通量衰减曲线

图 5-1 中呈现以下几个过程(王佳璇，2018)：

(1) 无机污染初期，不同有机污染纳滤膜的通量都出现了不同程度地剧烈衰减，这是不同有机污染层的疏密程度不同，导致不同膜面的浓差极化作用强度不同。

(2) 过滤初期过后，所有纳滤膜的通量皆经历了一段时间的平稳期，是过饱和结垢溶液中生成大量晶核所需的时间，故称为延迟期。由于不同有机污染膜面的有机污染层的疏密程度差异，硫酸钙在其表面的结晶形成速率亦不同，故而延迟期长短不同。图中 BSA、HA、SA 污染膜的延迟期均短于新膜的延迟期，反映了有机污染层强化的浓差极化(cake enhanced concentration polarization，CECP)作用使得硫酸钙在有机污染膜面的成核速率更快。

(3) 当膜面生成足够多的硫酸钙晶核，即可发生硫酸钙结晶，进而形成硫酸钙结垢，并逐渐在纳滤膜表面沉积形成滤饼层。在这一阶段中，因为硫酸钙滤饼层逐渐变厚并压密，所以纳滤膜的通量下降幅度和速率均是整个硫酸钙结垢过程中最大的，故膜通量降到最低。

5.5.2 有机–无机复合污染的微观作用测试技术

1. 概述

通过 AFM 结合污染物探针，定量考察纳滤膜污染过程中污染物与膜、污染物与污染物之间的微观作用力；通过 QCM-D 结合特定功能的芯片探讨污染物在膜面的吸附行为特征；将 AFM 和 QCM-D 技术联合使用，能有效地从微观尺度评价纳滤膜污染的微观作用机制，进一步与纳滤过程中不同阶段的膜污染特征相结合，对纳滤膜复合污染特征进行评价(王磊等，2017；邓东旭等，2017)。

研究表明，有机污染物在纳滤膜表面的吸附与膜面性质的变化有着紧密联系。在有机–无机复合污染过程中，纳滤膜面生成的有机污染层会影响膜面附近的无机离子浓度，并进一步影响随后的无机盐结垢行为。因此需要制备表面物化特性与纳滤膜材料表面性质相似的功能化膜材料芯片以及硫酸钙和二氧化硅污染物探针，并利用 AFM 联合污染物探针、QCM-D 结合功能化芯片，分别从微观作用力和微观吸附角度研究评价有机物–硫酸钙、有机物–硅酸盐对纳滤膜复合污染的特征和机理。

2. 有机–无机复合污染中污染物吸附特征的 QCM-D 测试技术

1) 膜材料芯片的制备技术

膜材料芯片可根据应用的纳滤膜材料和商品化的金涂层石英晶体芯片(简称金芯片)，按 4.2.2 小节所述技术方法制得。在以下评价中使用的膜材料为聚哌嗪酰胺。

2) 膜材料芯片的性能表征与分析

要考察有机–无机复合污染中污染物在纳滤膜表面的微观吸附特征，需要制得的膜材料芯片与纳滤膜的表面特性高度相似，通过 XPS 和接触角仪对二者的表面化学组成、结构和亲水性等特征进行详细的分析比较，利用 AFM 对金芯片和膜材料芯片的表面形貌进行测定。若二者的 XPS、接触角和 AFM 的测试结果均吻合，则认为制备的膜材料芯片的表面官能团和化学结构与所用纳滤膜的特性相似。

3) 有机–无机复合污染中污染物吸附特征的测试技术

(1) 有机物–硫酸钙复合污染的 QCM-D 测试技术。利用 QCM-D 技术分析有机物–硫酸钙复合污染中污染物的吸附特征，包含以下测试步骤：①制备特定的膜材料芯片；②获取耗散和频率的基线；③在膜材料芯片表面生成稳定吸附的有机污染层；④Ca^{2+}在覆盖有机污染层的膜材料芯片表面的吸附行为检测；⑤对 QCM-D 系统进行彻底清洗(王佳璇，2018)。

(2) 有机物–硅酸盐复合污染的 QCM-D 测试技术。由于硅酸盐在溶液中的主要官能团是羟基，SiO_2 在水溶液中表面的官能团也是羟基，故这里需要使用 SiO_2 芯片结合 QCM-D 系统，考察硅酸盐在芯片表面有机污染层中的吸附行为，分析有机物–硅酸盐复合污染过程中硅酸盐在有机污染纳滤膜面的吸附行为特征。

利用 QCM-D 技术分析有机物–硅酸盐复合污染中污染物的吸附特征，包含以下测试步骤：①清洗 SiO_2 芯片；②获取耗散和频率的基线；③有机物在 SiO_2 芯片表面的吸附行为检测；④对 QCM-D 系统进行彻底清洗(王佳璇，2018)。

3.有机–无机复合污染的微观作用力测试技术

研究有机–无机复合污染的微观作用力特征，需要制备无机污染物 AFM 探针，对所制备的无机污染物探针的性能进行标定，以及检验无机污染物 AFM 探针的实用性，建立有机–无机复合污染的微观作用力评价方法。

1) 无机污染物 AFM 探针的制备技术

无机污染物 AFM 探针的制备技术与第 4 章所述有机污染物 AFM 探针的制备方法类似，需要在设计与搭建的功能化 AFM 探针制备平台上实施。

2) 无机污染物 AFM 探针的性能检验与分析

对制备的无机污染物探针的可用性进行校验，测定检验制备的两种无机污染物探针的结构和弹性系数，以保障 AFM 探针结构完整良好，弹性系数合理、偏差小，作用力测试结果准确。

3) 有机–无机复合污染的微观作用力测定方法

在液态“接触”模式下，利用 AFM 的液体池回路系统和硫酸钙探针及 SiO_2 探针测定探针和样品表面之间的黏附力，获得硫酸钙和硅酸盐结垢过程中的界面作用力特征。为了降低试验的误差，需要在每个样品的多个不同点重复足够频次的测定。

5.5.3　有机–无机复合污染过程中的污染物微观吸附特征评价

分别以 BSA、HA、SA 为有机污染物，通过 QCM-D 结合功能化石英晶体芯片，实时监测有机污染层吸附 Ca^{2+} 以及有机物在 SiO_2 芯片表面吸附的过程中，芯片耗散(ΔD)及频率的变化(Δf)情况，考察有机物与钙离子以及硅酸盐的吸附结合能力，从微观层面评价分析不同有机物和结垢造成的复合污染的特征和作用机制。

1. 有机物与钙离子的吸附结合能力评价分析

图 5-2(a)～(c)为 5 倍频下 QCM-D 试验全过程标准化的ΔD和Δf随时间(t)变化的曲线，其中垂直线 t_0～t_6 表示不同测试溶液的注入时刻。从图 5-2(a)～(c)中Δf随 t 的变化可以得到(Wang et al.，2016a)：

(1) 有机物和无机盐在膜材料芯片表面的吸附包括可逆吸附和不可逆吸附。

(2) 将 Ca^{2+}在覆盖有机污染层的膜材料芯片表面吸附前后的两个平衡阶段进行比较，发现 HA 和 SA 吸附条件下的频率值降低、耗散值增加，说明部分 Ca^{2+}稳定地结合在覆有 HA 和 SA 污染层的膜材料芯片表面。

(3) BSA 吸附条件下，Ca^{2+}引入前后频率和耗散皆未发生明显变化，该现象表明 BSA 分子吸附的 Ca^{2+}很少。

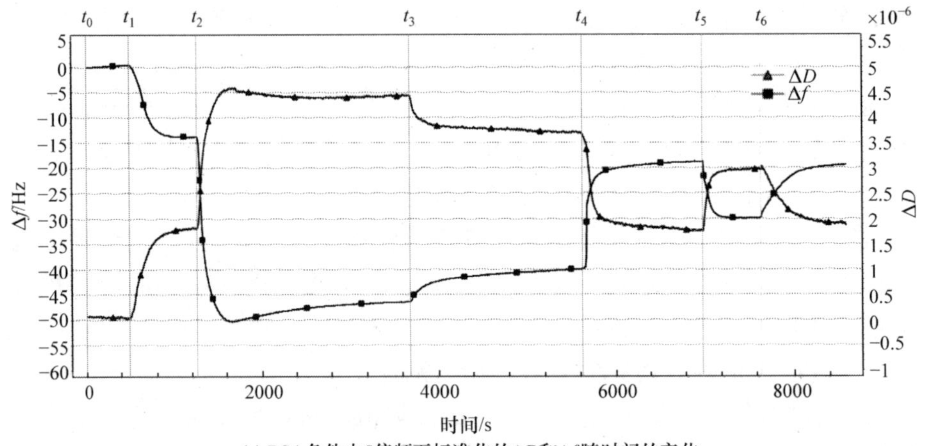

(a) BSA条件中5倍频下标准化的ΔD和Δf随时间的变化

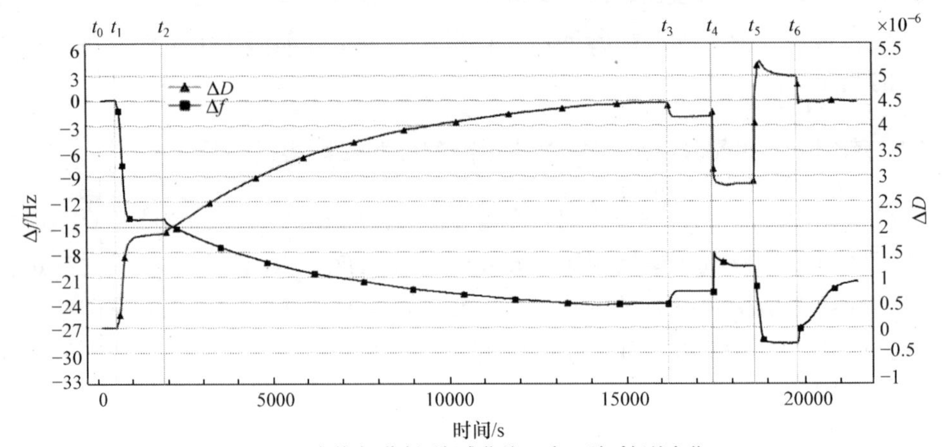

(b) HA条件中5倍频下标准化的ΔD和Δf随时间的变化

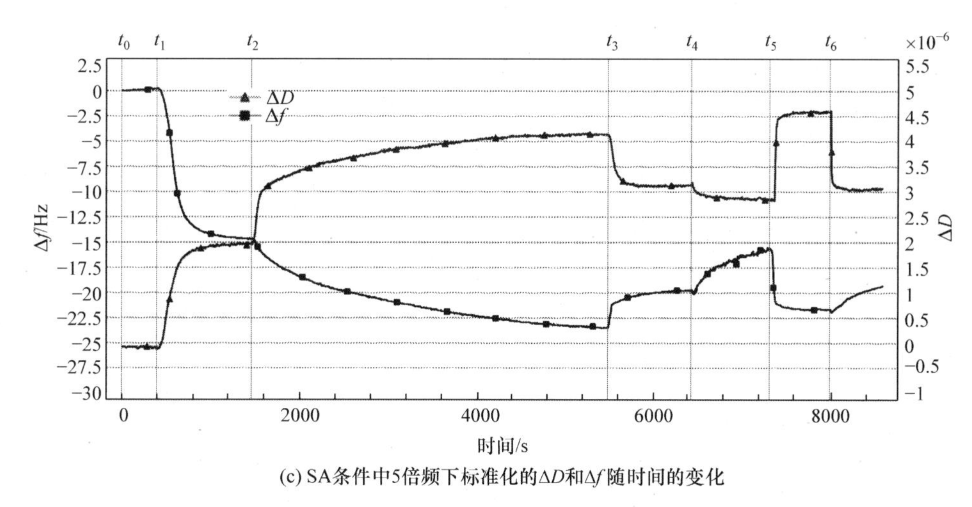

(c) SA条件中5倍频下标准化的ΔD和Δf随时间的变化

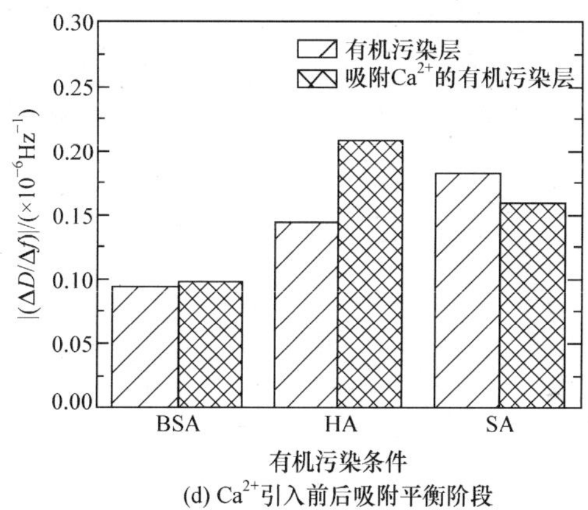

(d) Ca^{2+}引入前后吸附平衡阶段

图 5-2　5 倍频下 QCM-D 试验全过程标准化的ΔD和Δf随时间的变化曲线及$|\Delta D/\Delta f|$值

图 5-2 的不同吸附平衡阶段的频率和耗散的变化表明，Ca^{2+}的吸附对有机污染层结构特征产生了不同程度的影响(王佳璇，2018)：

(1) Ca^{2+}引入系统前后，BSA 吸附条件的$|\Delta D/\Delta f|$值是三种有机物条件中最小的，且几乎未发生改变，表明 BSA 吸附层是刚性结构，说明 Ca^{2+}吸附不会对 BSA 吸附层的结构造成影响。

(2) 较 BSA 吸附层而言，HA、SA 吸附层的$|\Delta D/\Delta f|$值均较大，说明 HA 吸附层和 SA 吸附层更松散、更富有弹性。

(3) Ca^{2+}引入后，HA 吸附条件的$|\Delta D/\Delta f|$值增大，说明 HA 黏附层吸附 Ca^{2+}之后变得更加柔软，这可能是因为 HA 吸附层的含水量增加。

(4) 引入 Ca^{2+}后 SA 吸附条件的$|\Delta D/\Delta f|$值减小，表明 Ca^{2+}对 SA 分子之间

的络合架桥等相互作用导致 SA 吸附层更加致密、刚性变大。

2. 有机物与硅酸盐的吸附结合能力评价分析

图 5-3 为 5 倍频下 QCM-D 试验全过程的ΔD-Δf变化曲线，其中 0～A 代表超纯水和背景溶液吸附阶段；A～B1、A～B2、A～B3 分别代表 SA、HA、BSA 的吸附初期阶段；B1～C1、B2～C2、B3～C3 分别代表 SA、HA、BSA 的吸附后期阶段；C1～D1、C2～D2、C3～D3 分别代表 SA、HA、BSA 的背景溶液冲洗阶段。

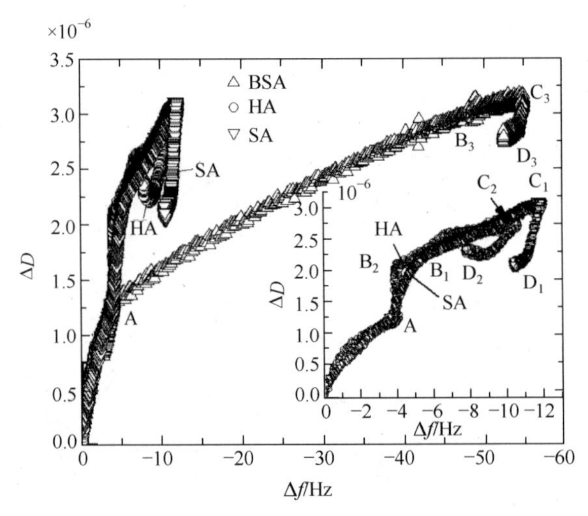

图 5-3　5 倍频下 QCM-D 试验全过程的ΔD-Δf变化曲线

QCM-D 试验全过程的ΔD-Δf变化曲线表明：

(1) BSA 加入前后Δf变化非常显著，BSA 的吸附平衡在短时间之内难以达到，且随着吸附时间的推移，吸附量($|\Delta f|$)越来越大，说明 BSA 在 SiO_2 芯片表面的吸附明显。因此在硅酸盐结垢过程中，BSA 与硅酸盐之间的吸附结合能力较强，二者之间能发生强烈的相互作用。

(2) 与 BSA 相比，SA 和 HA 加入前后，Δf变化较小，在短时间内达到吸附平衡，说明二者均未在 SiO_2 芯片表面有大量吸附。因此在硅酸盐结垢过程中，SA 和 HA 与硅酸盐之间的吸附结合能力较弱。

5.5.4　有机–无机复合污染过程中的微观作用力评价

以聚哌嗪酰胺膜为纳滤膜材料，使用 AFM 结合硫酸钙探针和 SiO_2 探针，测定有机–无机复合污染中硫酸钙和硅酸盐结垢生成过程中的微观作用力。

1. 有机–硫酸钙复合污染过程中结垢行为的微观作用力评价分析

在结垢初期，硫酸钙和不同膜面(即 BSA、HA、SA 污染膜和新膜)之间的相互作用力控制着硫酸钙晶核的形成。在膜表面被无机污染物覆盖后，硫酸钙–硫酸钙的相互作用决定着随后的硫酸钙结垢速率。

1) 结垢初期界面间微观作用力评价分析

硫酸钙结垢初期界面之间的典型黏附力曲线如图 5-4 所示。可以看出：

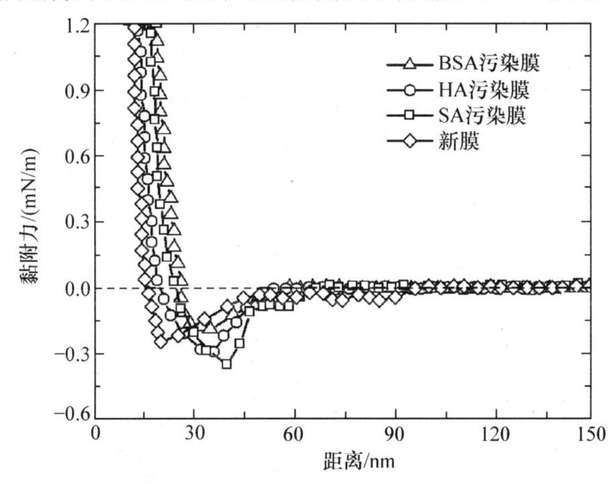

图 5-4　硫酸钙结垢初期界面之间的典型黏附力曲线

(1) 与 BSA 污染膜相比，SA 污染膜和 HA 污染膜表面含有的羧基官能团更多，Zeta 电位更高，与硫酸钙之间的相互作用更强。

(2) 结合 QCM-D 分析，硫酸钙与有机污染膜之间黏附力大小的趋势，与不同有机污染层对 Ca^{2+}的结合能力变化一致。Ca^{2+}与 HA 和 SA 之间络合作用的差异是 HA 和 SA 分子化学性质以及分子结构特征不同而导致的。

(3) 实验中采用的聚哌嗪酰胺纳滤膜表面的主要官能团是去质子化的羧基，因此 Ca^{2+}可以结合在新膜表面。同时新膜条件下黏附力的延伸距离均大于受污染膜。

研究表明，有机物–硫酸钙复合污染过程中，膜面预先黏附的有机物与 Ca^{2+}结合能力的强弱会影响膜面附近的 Ca^{2+}浓度，从而控制硫酸钙晶体在膜表面的成核以及随后的结垢进程，对复合污染行为影响显著(Wang et al.，2016a)。

2) 结垢后期界面间微观作用力评价分析

硫酸钙结垢后期界面之间的典型黏附力曲线如图 5-5 所示。分析可知：

(1) 与 BSA 污染膜和新膜相比，SA 污染膜和 HA 污染膜的非均相表面结晶严重，故这两种污染条件下黏附力的延伸距离较大。

(2) 硫酸钙结垢过程中的微观作用力与污染膜面的有机物性质密切相关，直接影响着结垢阶段的通量衰减。在不同的有机污染膜面条件下，结垢过程中的黏附力越强，硫酸钙结垢越严重，通量衰减越剧烈(Wang et al.，2016a)。

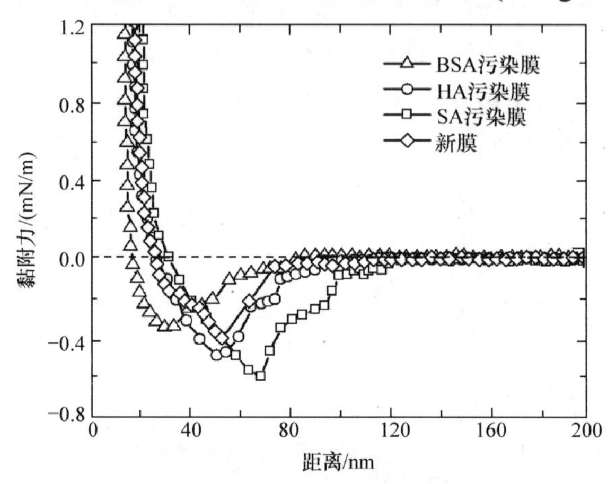

图 5-5　硫酸钙结垢后期界面之间的典型黏附力曲线

2. 有机-硅酸盐复合污染过程中结垢行为的微观作用力评价分析

复合污染中硅酸盐结垢过程受两种作用力的影响：①结垢污染初期，硅酸盐-膜作用力控制硅酸盐核子的生成。②随着结垢的进行，当膜面覆盖了硅酸盐凝胶后，由于 Si−O 键比 C−O 键的键能大，硅酸盐凝胶-膜作用力成为结垢后期控制硅酸盐在膜面稳定黏附的作用力。

硅酸盐结垢初期和后期的典型黏附力曲线见图 5-6 (王佳璇，2018；Wang et al.，2016b)。

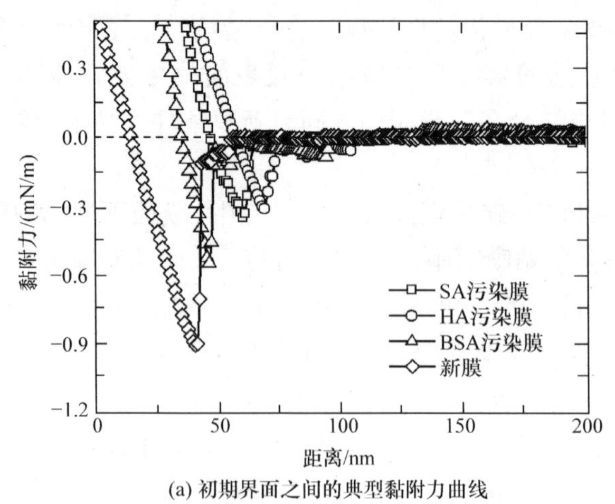

(a) 初期界面之间的典型黏附力曲线

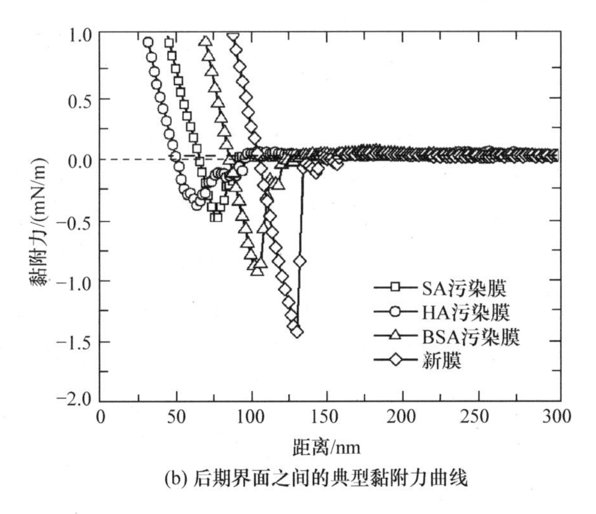

(b) 后期界面之间的典型黏附力曲线

图 5-6　硅酸盐结垢过程中的典型黏附力曲线

黏附力测定结果显示：

(1) 不同的膜面条件下，结垢初期和后期界面之间作用力的大小关系一致，说明硅酸盐凝胶成核情况会对硅酸盐结垢的形成产生重要影响。

(2) 结垢后期界面之间的作用力结果表明，与 SA 污染膜和 HA 污染膜相比，新膜和 BSA 污染膜条件下的黏附力与延伸距离都较大，说明这两种膜面生成了更丰富的硅酸盐结垢。

(3) 与硅酸盐–膜相比，硅酸盐凝胶–膜之间黏附力的延伸距离增大，证实了 SiO_2 胶体颗粒与膜界面之间反应生成了弹性和柔性较大的硅酸盐凝胶。

5.5.5　有机–无机复合污染过程中结垢污染的微观作用机制综合评价

在有机–无机复合污染过程中，有机污染层通过改变纳滤膜的表面物理化学性质而影响无机结垢：沉积在膜面的有机污染层相当于一层“活性膜”，充当了盐离子传输和水分子跨膜的屏障，导致有机污染层强化的浓差极化(CECP)现象；黏附的有机污染物可能会增加膜表面的负电荷量，从而增强二价离子和有机污染膜之间的 Donnan 效应；有机污染物含有的官能团，生成的污染层的表面形貌等因素，皆不同程度地影响无机结垢特征和机理。

1. 有机–硫酸钙复合污染过程中结垢的主导因素和机理分析

根据有机物–硫酸钙复合污染的膜通量衰减情况，结合不同有机污染膜面与 Ca^{2+}结合的能力和微观作用力特征分析发现：

(1) 有机物–硫酸钙复合污染过程中，在纳滤膜受到不同有机物的污染之后，污染膜面硫酸钙结垢的主导机理取决于有机污染物的性质，尤其是有机物的羧基密度，具体表现为有机物对 Ca^{2+}的结合能力。

(2) 大分子量有机物可以作为硫酸钙生长的晶核，在有机物分子周围诱发非均相结晶，因此非均相结晶是表面羧基密度较高的有机污染膜(如 HA、SA 污染膜)表面硫酸钙结垢的主导机理。

(3) 对于表面羧基密度较低的有机污染膜(如 BSA 污染膜)，硫酸钙结垢的主导机理可能取决于多种因素的综合作用，这些因素包括羧基密度、有机分子结构、污染层结构、膜表面荷电和粗糙度等(Wang et al.，2016a)。

2. 有机–硅酸盐复合污染过程中结垢的主导因素和机理分析

将过滤试验、膜面电位与微观作用力和微观吸附试验等结果综合分析后认识到：

(1) 与 BSA 污染膜相比，新膜与硅酸盐之间较大的平均黏附力很可能是新膜较粗糙的表面形貌和膜面一些“黏性”位点造成的。BSA 污染层的 CECP 作用对硅酸盐结垢具有一定的促进作用，而粗糙的膜面会削弱错流浓缩液对污染层的剪切作用，有利于硅酸盐黏附，进而促进硅酸盐结垢的生成，且生成的结垢不易脱落。

(2) 三种不同污染膜的表面 Zeta 电位及其与硅酸盐之间吸附结合能力的 QCM-D 试验结果证明，较强的静电排斥力不利于硅酸盐靠近 Zeta 电位高的 SA 污染膜和 HA 污染膜的表面，因此硅酸盐初期成核和垢体增长过程被很大程度地减缓。

微观吸附、微观作用力测定以及有机–无机复合污染的过滤试验结果一致表明，微观作用所评价的纳滤膜污染，揭示的膜污染机制具有一定实际指导作用(王佳璇，2018；Wang et al.，2016a，2016b)。

参 考 文 献

邓东旭，王磊，李兴飞，等，2017. 超滤过程中蛋白质带电性对水合作用的影响机制[J]. 哈尔滨工业大学学报，49(8): 1380-1385.

郭驭，王小㑇，2017. 纳滤膜污染机理、表征及控制[J]. 给水排水，53(9): 120-131.

马琳，秦国彤，2007. 膜污染的机理和数学模型研究进展[J]. 水处理技术，(6): 1-4, 17.

王佳璇，2018. 纳滤膜的有机/无机复合污染及对全氟化合物去除的特征和机理研究[D]. 西安：西安建筑科技大学.

王磊，李松山，苗瑞，等，2017. Mg^{2+}对腐殖酸在 EVOH 膜面微观作用过程的影响[J]. 中国环境科学，37(4): 1380-1385.

魏源送，王健行，岳增刚，等，2017. 纳滤膜技术在废水深度处理中的膜污染及控制研究进展[J]. 环境科学学报，37(01): 1-10.

张立卿，王磊，王旭东，2009. 纳滤膜物化特征对膜分离及膜污染影响研究[J]. 水处理技术，35(1): 24-29.

张晓婷，王磊，杨若松，等，2016. 有机大分子对聚酰胺复合纳滤膜偏硅酸钠污染的影响[J]. 中国环境科学, 36(2): 460-467.

Al-AMOUDI A S, 2010. Factors affecting natural organic matter (NOM) and scaling fouling in NF membranes: A review[J]. Desalination, 259(1-3): 1-10.

CHEN Q, YANG Y, ZHOU M, et al., 2015. Comparative study on the treatment of raw and biologically treated textile effluents through submerged nanofiltration[J]. Journal of Hazardous Materials, 284: 121-129.

CONTRERAS A E, KIM A, LI Q, 2009. Combined fouling of nanofiltration membranes: Mechanisms and effect of organic matter[J]. Journal of Membrane Science, 327(1-2): 87-95.

FLEMMING H C, SCHAULE G, 1988. Biofouling on membranes—a microbiological approach[J]. Desalination, 70 (1): 95-119.

HEFFERNAN R, HABIMANA O, SEMIA O A J C, et al., 2014. A physical impact of organic fouling layers on bacterial adhesion during nanofiltration[J]. Water Research, 67(12): 118-128.

HER N, AMY G, JARUSUTTHIRAK C, 2000. Seasonal variations of nanofiltration (NF) foulants: Identification and control[J]. Desalination, 132(1-3): 143-160.

HONG S, ELIMELECH M, 1997. Chemical and physical aspects of natural organic matter (NOM) fouling of nanofiltration membranes[J]. Journal of Membrane Science, 132(2): 159-181.

HOU Y L, GAO Y N, CAI Y, et al., 2009. In-situ monitoring of inorganic and microbial synergistic fouling during nanofiltration by UTDR[J]. Desalination and Water Treatment, 11(1-3): 15-22.

KILDUFF J E, MATTARAJ S, BELFORT G, 2004. Flux decline during nanofiltration of naturally-occurring dissolved organic matter: Effects of osmotic pressure, membrane permeability, and cake formation[J]. Journal of Membrane Science, 239(1): 39-53.

LAW C M C, LI X Y, LI Q, 2010. The combined colloid-organic fouling on nanofiltration membrane for wastewater treatment and reuse[J]. Separation Science and Technology, 45(7): 935-940.

LE GOUELLEC Y A, ELIMELECH M, 2002. Calcium sulfate (gypsum) scaling in nanofiltration of agricultural drainage water[J]. Journal of Membrane Science, 205(1-2): 279-291.

LEE S, CHO J, ELIMELECH M, 2005. Combined influence of natural organic matter (NOM) and colloidal particles on nanofiltration membrane fouling[J]. Journal of Membrane Science, 262(1-2): 27-41.

LEE S, CHOI J S, LEE C H, 2009. Behaviors of dissolved organic matter in membrane desalination[J]. Desalination, 238(1):109-116.

LISTIARINI K, TAN L H, SUN D D, et al., 2011. Systematic study on calcium-alginate interaction in a hybrid coagulation-nanofiltration system[J]. Journal of membrane science, 370(1-2): 109-115.

MO Y, XIAO K, SHEN Y X, et al., 2011. A new perspective on the effect of complexation between calcium and alginate on fouling during nanofiltration[J]. Separation and purification technology, 82: 121-127.

MOHAMMAD A W, TEOW Y H, ANG W L, et al., 2015. Nanofiltration membranes review: Recent advances and future prospects[J]. Desalination, 356: 226-254.

SEIDEL A, ELIMELECH M, 2002. Coupling between chemical and physical interactions in natural organic matter (NOM) fouling of nanofiltration membranes: implications for fouling control[J]. Journal of Membrane Science, 203(1-2): 245-255.

TANG C Y, CHONG T H, FANE A G, 2011. Colloidal interactions and fouling of NF and RO membranes: A review[J]. Advances in Colloid and Interface Science, 164(1-2): 126-143.

TEIXEIRA M R, SOUSA V S, 2013. Fouling of nanofiltration membrane: Effects of NOM molecular weight and microcystins[J]. Desalination, 315: 149-155.

WANG J X, WANG L, MIAO R, et al., 2016a. Enhanced gypsum scaling by organic fouling layer on nanofiltration membrane: Characteristics and mechanisms[J]. Water Research, 91: 203-213.

WANG J X, WANG L, MIAO R, et al., 2016b. Enhancement and mitigation mechanisms of silica scaling on organic-fouled nanofiltration membranes during desalination[C]. Kunming: The 5th IWA Regional Conference on Membrane Technology.

WANG T H, YEN Y J, HSIEH Y K, et al., 2017. Size effect of calcium-humic acid non-rigid complexes on the fouling behaviors in nanofiltration: An LA-ICP-MS study[J]. Colloids and Surfaces A: Physicochemical and Engineering Aspects, 513: 335-347.

第 6 章　缓解水处理膜污染的技术方法与分析

水处理膜污染问题随着膜的应用而产生，也随着膜的应用而发展。人们对膜污染问题的认识在实践和研究中不断深化。膜污染理论与评价的目的都在于消减膜污染，使采取的对策更科学、更廉价。因此，膜的广泛应用是依赖膜应用科学化与膜自身性能的优化共同推动的。本章拟从膜污染的缓解技术和膜性能的抗污染改进两个方面分析评述，以求得在推进膜分离技术更广阔的应用中，充分发挥应用侧克服膜污染的积极作用。同时，从供给侧的性能改进适应千变万化的需求。二者协力，将是促进解决水处理膜污染问题更科学的好途径。

6.1　水处理膜污染的缓解技术

6.1.1　污染膜的清洗与技术选择

1) 膜清洗的意义

水处理分离膜在使用过程中，虽然操作条件未变，但其通量逐渐降低。溶液中的胶体粒子或溶质分子由于物理化学作用在膜孔隙中不断沉积，并在膜表面沉积形成污染层，增加了分离过程的阻力，该阻力可能远大于膜本身的阻力，最终使膜的使用性能下降。为了不影响使用，通常需要更换膜，导致成本大大提高。因此，通过适当有效的方式进行膜清洗，使膜能够恢复使用功能，成为经常采用的方法。

2) 膜清洗的主要方式

膜清洗是通过化学与物理的方法将污染物从受污染膜表面剥离及去除的过程(郭春禹等，2010)。膜清洗的方法有物理清洗、化学清洗和生物清洗。不同的清洗方法对污染物的去除重点不同。物理清洗是利用高流速的水或者空气与水的混合流体冲洗膜表面。这种方法具有不形成新污染、清洗简单等特点，但清洗效果不持久。化学清洗是在水流中加入某种合适的化学药剂，连续循环清洗。该方法能清除复合污垢，迅速恢复膜通量。生物清洗是借助微生物、酶等生物活性剂的作用去除膜表面及膜内部的污染物。化学清洗和生物清洗都存在向系统引入新的污染物的可能性，并且在运行与清洗之间需要较多的转换步骤才能实现(张国俊等，2003)。

当膜发生污染时，要根据处理水的水质，并通过科学的鉴定方法确定造成膜污染的污染物种类、污染类型及污染程度，结合膜材料性能(如膜元件形式、膜材料类型、膜材料强度、抗氧化性)及所处环境的温度、pH 等。确定清洗程度，选择合适的清洗药剂以及清洗液的流速、温度、浓度、作用时间、清洗顺序等，以达到快速恢复膜通量的目的(张博丰等，2009)。

3) 膜污染类型及其清洗技术的选择

根据产生膜污染的物质类型差异，膜污染大致可分为：①颗粒状物质污染，包括泥沙、前处理滤料细末等；②有机物污染，包括蛋白质、多糖、油脂等；③无机物污染，包括碳酸盐类物质结垢、硫酸盐类物质结垢及氟、硅等结垢物等；④生物性污染，含细菌、病毒、藻类等。

针对颗粒状物质膜污染，常用物理清洗，包括水力清洗、机械刮除、曝气清洗、超声波清洗、电泳法、气-液脉冲清洗等。

针对有机物膜污染，一般采用化学清洗，利用化学清洗剂与有机物反应达到清洗目的。例如，碱性清洗剂可有效去除蛋白质污染；酶类洗涤剂能去除蛋白质、多糖、油脂类污染物；氧化性清洗剂利于清洗多肽、多糖等大分子污染物。而对于高分子有机污染物，生物清洗更有效且清洗后对膜的截留性没有明显影响。

针对无机物膜污染，一般采用化学清洗，如酸性清洗剂主要用于去除钙、镁等离子氧化物、氢氧化物、碳酸盐等无机污染物以及螯合剂与无机离子络合所生成的溶解度大的物质。

针对生物性膜污染，一般先用杀菌剂或除藻剂去除生物质，再用化学清洗剂清洗。

6.1.2　污染膜的常规清洗技术

膜清洗的目的是采用合理的清洗方法使被污染的膜恢复其使用功能。一般是先破坏膜表面的溶质所形成的吸附层，再清除膜孔道内的一些杂质，尽可能恢复膜的原始通量。通常根据膜的化学性质和处理料液的性质来确定清洗方法。在经过比较后选择合适的清洗剂，以达最佳清洗效果。

为了很好地清除膜污染，恢复膜通量，清洗剂和清洗方法的选择也很重要。常用的方法有物理方法或化学方法，也有将物理与化学方法结合起来的混合清洗方法。并且最好先用物理方法，再用化学方法。

1. 物理清洗技术与应用

物理方法是指利用水或者空气和水的混合流体的机械力作用，以较低压力与较大流量对膜表面进行正洗，对膜孔进行反洗。消除溶质分子在膜面上和膜孔内的沉积残留，破坏已形成但尚不牢固的结垢层，达到去除膜污染的作用。常用的物理清洗技术如下。

1) 反冲洗

反冲洗适用范围很广，可以有效地去除凝胶层，对初期的膜污染有很好的防治作用。因此，通常用液体作为反冲介质，流动方向与正常的超滤过程相反。一般来说，逆流冲洗后辅以正冲洗的联合抗污染清洗策略，比单独加强流量的冲洗技术的效果显著。

2) 负压清洗

负压清洗是通过一定的真空抽吸，在膜的多个面侧形成负压，以去除膜表面和膜内部的污染物。用中空纤维膜处理药酒的实验研究表明，负压清洗方法比反压清洗和低压高流速清洗法的通量恢复要好很多(吴光夏等，1999)。

3) 超声清洗

超声波清洗是利用超声波在水中引起的剧烈紊流、气穴和振动等达到去除污染物的方法，特点是清洗速度快，效果好，是备受关注的一种膜污染清洗方法。超声波清洗还可与其他清洗方法组合以达到更好的去除膜污染的目的。有不少研究表明，超声组合水洗是一种有效的膜清洗新技术，但应用尚未全面推广(Muthukumaran et al.，2004)。

4) 气体冲洗

气体冲洗是利用压缩空气的控制装置，在超滤膜的功能面定时施加压缩空气，一方面可加大水流的湍流，增加流体对膜表面的力学作用；另一方面促使膜表面在空气泡和水流的作用下发生机械振荡，使膜表面附着的污染物受抖脱落，达到清洗的目的。在水处理中使用臭氧作为气相对中空纤维超滤膜的污染进行冲洗，该方法能很好地去除黏附在膜上的污染物和污垢，可显著提高膜通量(Kwon et al.，1998)。

5) 其他清洗方法

近几年来，不少文献相继报道了比较新颖的清洗方法，包括向系统中引入电场、磁场、脉冲气流等，或者是在传统方法的基础上辅助一些新的技术手段。这些方法在研究阶段取得了良好的清洗效果，相信不久会有更有效的新冲洗技术出现。

2. 化学清洗技术与应用

在物理清洗不能实现预期目标时，可采用化学清洗的方法。

化学方法选用一种对膜材料本身没有破坏作用的化学试剂作为清洗剂。化学清洗剂选择的原则是能达到松动、溶解污垢，在其分散在水中后，还能对膜及系统具有消毒作用，而自身具有化学性质稳定、无毒、安全、对环境影响小及残留在系统中不影响物料的特点。

化学清洗的径流形式与水力冲洗基本一致，但清洗液流量的作用趋弱，其主导的控制因素是药剂种类、药液浓度、洗液温度、清洗时间、浸泡时间等。常用的化学药剂包括无机酸、碱，有机酸、碱，螯合剂等。无机酸主要用来清除无机污染物，使污染物中的一部分不溶性物质转变为可溶性物质；无机碱和有机碱主要用来清除蛋白质类、油脂类、藻类、多糖类污染以及生物污染、胶体污染。螯合剂主要通过与污染物中的无机离子络合生成溶解度大的物质，从而减少膜面及膜孔内沉积的盐和吸附的无机污染物。

化学试剂对污染物的去除机理包括：

(1) 取代膜表面污染物，通过合宜的表面活性物的竞争吸附；

(2) 改变污染物的溶解度或提供合宜的乳化剂、分散剂或胶溶化剂，使污染物溶解；

(3) 通过脂和油的皂化，蛋白质的氧化或降解，二价阳离子的螯合或金属氧化物与酸的反应等，对污染物进行化学修饰。

3. 物理与化学混合清洗技术与应用

化学清洗与物理清洗各有利弊，而化学试剂可能会对膜造成不可逆损伤。因此近年来物理与化学混合清洗技术越来越受重视，在清除污染物的同时对膜的损伤尽可能减到最小。

超滤过程正常进行时，浓差极化和膜污染造成膜通量的下降。研究表明，当提高原料液的流速，膜通量会相应有不同程度的提高。因为流速的变化影响超滤过程中原料液在膜表面的流型(湍流状况)，进而影响溶液的传质过程(刘乾亮，2012)，所以较高的料液流速会延缓膜的污染。

乔玉柏等(2012)的研究表明，用特定气液两相流清洗超滤膜污染，通气时间、气停时间和气液流速比影响着气液两相流方法的清洗效果。

6.1.3 特殊清洗技术

1. 超声波清洗技术

近年超声波在分离科学中的应用有了较快的发展。该技术能提高透析操作中的扩散速度及多孔介质中流体的流速，可作为操作的辅助强化手段达到提高渗透通量的目的。

超声波清洗系统的基本组成包括超声波发生器、换能器和清洗水槽。

利用超声波清洗装置对膜进行清洗，其主要的离线清洗装置如图 6-1 所示。膜安装于不锈钢制作的错流过滤装置中形成膜过滤装置，该装置下为浓缩液，上为透过液，将其水平浸入装有水的超声波清洗槽中，以水作为传声介质，对受污染后的膜组件进行超声波清洗(Muthukumaran et al.，2004)。

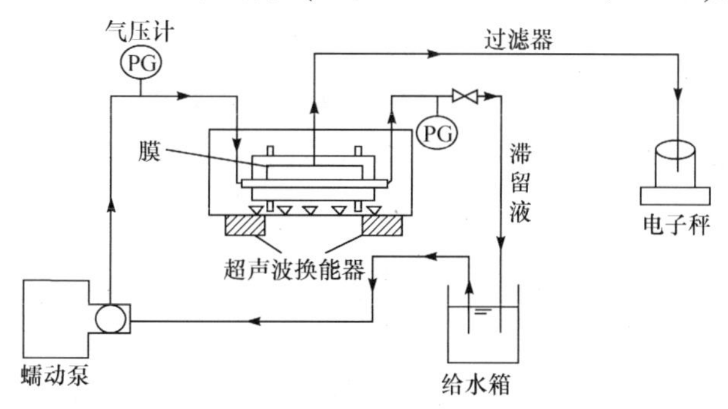

图 6-1　离线超声波清洗装置

黄霞等(2003)采用超声波与其他清洗方法相结合，对膜生物反应器处理微污染源水的膜污染及清洗进行了研究，发现超声波清洗对表面黏性较大的附着生长型 MBR 膜污染物效果明显，与超声波结合的化学清洗优于常规清洗。

将超声波引入膜过滤系统，产生了物理效应和化学效应。首先，超声波可以在水中产生机械振动，引起膜丝的快速抖动，从而有利于污染物质从膜表面的脱离；其次，超声波可以在膜表面的固-液边界层产生微湍流现象，起到很好的混合搅拌作用，控制浓差极化的发展，从而有效控制膜污染的发展。

张国俊等(2003)考察了不同功率的超声波对超滤膜性能的影响，认为科学地选择超声波功率可以发挥其超强振动和超搅拌作用，提高膜清洗效率，而简单的超声波物理清洗，并不能有效地清除膜表面的污染物。

2. 电场清洗技术

针对荷电膜的脉动电场去除聚合物膜表面的荷电颗粒，实现膜的清洗，其原理主要是利用了两种电场作用下的电动现象，即电泳和电渗。电泳是电场作用下荷电颗粒在料液中的迁移运动，而电渗主要是电场作用下电解质溶液通过膜孔或滤饼的迁移运动。

针对腐殖酸的膜污染减缓的试验分析认为，电场对膜污染产生缓解作用的主要原因是：

(1) 腐殖酸胶体在电场中发生电泳迁移现象。由于带负电荷的腐殖酸在电场中的电泳迁移，使其在膜表面的沉积减少。当电场强度高于临界电场强度时，电泳速率高于其由于压力向膜表面移动的速度，膜表面边界层的颗粒浓缩将得到缓解，膜污染得以减轻(Radovich et al.，1985)。

(2) 电凝聚的作用。腐殖酸具有独特的物理化学性质，官能团—COOH、—OH 中的氢能游离出来，带负电性。当电场足够强时，带电腐殖酸颗粒外层的双电层结构被削弱，甚至被完全破坏，因而发生凝聚形成絮体。

(3) 电极表面释放出的微小气泡可以加速颗粒的碰撞过程，使密度小的上浮，密度大的下沉分离，促进去除水中的溶解态和悬浮态化合物(曲久辉等，2019)。

图 6-2 是将中空纤维膜组件和电场膜过滤结合的一种新型附加电场的中空纤维膜组件示意图。

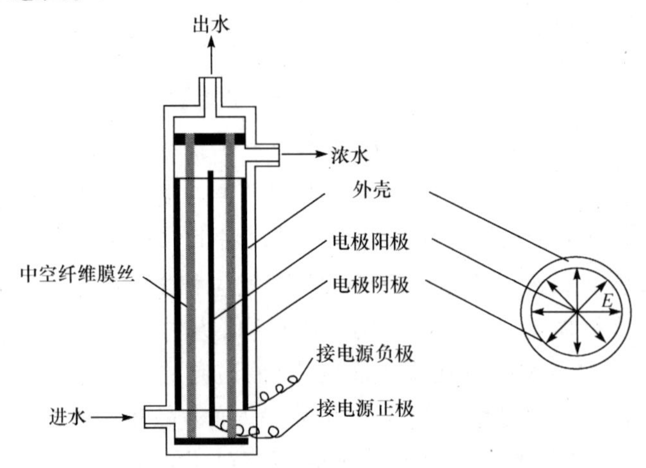

图 6-2　附加电场的中空纤维膜组件示意图

3. 生物清洗技术

生物清洗技术主要是利用生物活性高的酶或生物剂来分解或去除超滤膜污染物质中的某些高分子有机物质，如蛋白质、多糖等。生物活性高的酶或生物剂可以切断蛋白链，还可快速溶解小的松散的蛋白片段。生物清洗的方法可以分为两种，一种是使用具有生物活性的清洗剂；另一种是将生物酶制剂通过特殊的方法固定在膜上，使膜具有抗污染的能力。

膜清洗是膜技术应用中的重要问题，与膜污染、膜的分离性能以及膜的寿命密切相关。针对不同的膜分离过程，首先应找出膜污染的原因，确定造成膜污染的物质的性质及与膜的作用方式等，然后选择合适的清洗剂和清洗方法。在确定清洗剂和清洗方法时还应考虑清洗方法的经济性、对膜寿命和膜分离效率的影响等。由于污染物多种多样、千变万化，膜的清洗是一个复杂的课题，探明受污染膜上沉积物的特性，对于选择最经济和最有效的清洗剂和清洗方案是十分重要的。

6.2　操作条件对膜污染的影响分析

6.2.1　膜分离过程的流动及传质方程

膜分离过程涉及流体流动和渗流问题，膜污染过程则涉及物质输运的理论。自由空间内流体流动的 Navier-Stokes 方程(吴望一，2011)与描述多孔介质内渗流流动的 Brinkman 方程(Pak et al.，2008)相结合，可用于描述膜组件内的流动情况。

自由空间内流体流动的 Navier-Stokes 方程为

$$\nabla \cdot \vec{U} = 0 \tag{6-1}$$

$$\frac{\partial \vec{U}}{\partial t} + (\vec{U} \cdot \nabla)\vec{U} = -\frac{1}{\rho}\nabla p + \mu \nabla^2 \vec{U} \tag{6-2}$$

式中，$\vec{U}$ 为流体的速度矢量，m/s；μ 为动力黏滞系数，Pa·s；ρ 为流体密度，kg/m^3；p 为压强，Pa。

Brinkman 方程是多孔介质渗流 Darcy 公式的延伸：

$$\frac{\rho}{\varepsilon_p}\left((\vec{U} \cdot \nabla)\frac{\vec{U}}{\varepsilon_p}\right) = \nabla \cdot \left[-pI + \frac{\mu}{\varepsilon_p}\left(\nabla\vec{U} + (\nabla\vec{U})^{T}\right) - \frac{2\mu}{3\varepsilon_p}(\nabla \cdot \vec{U})I\right] - \left(\frac{\mu}{K_{br}} + \beta_F\left|\vec{U}\right| + \frac{Q_{br}}{\varepsilon_p^{\ 2}}\right)\vec{U} \tag{6-3}$$

式中，ε_p 为孔隙率；I 为单位张量；K_{br} 为多孔介质渗透性系数，m^2；β_F 为与多孔介质性质有关的福希海默系数，kg/m^4；Q_{br} 为计算域内的渗透量，$kg/(m^3 \cdot s)$。

膜污染过程涉及的物质输运一般采用稀物质传递模型处理。当溶质的浓度远小于溶剂时，可认为溶质为稀物质。这时溶液的密度、黏滞系数等性质与溶剂的相关性质近似，一般将溶剂浓度高于 90%作为简单的判别条件。

满足稀物质条件的传质方程为(Saeed et al.，2015)

$$\nabla \cdot (D\nabla C) + \vec{U}(\nabla C) = 0 \tag{6-4}$$

式中，D 为污染物的扩散系数，m^2/s；C 为溶液浓度，mol/m^3；$\vec{U}$ 为经流动方程计算得出的速度，m/s。

6.2.2　死端过滤与错流过滤对膜污染的影响分析

死端过滤和错流过滤是两种最基本的过滤类型。一般认为，在死端过滤中，膜面某处单位时间、单位体积内所积累的不可逆污染物的量与该点法向流速及污染物的浓度成正比；而在错流过滤中，膜面方向存在切向的速度梯度，若其强度足以克服污染物间的黏附力，高于污染物间黏附力的部分会对膜面污染物形成冲刷。可见，在错流过滤中，膜面污染物会存在法向累积与切向冲刷的共同作用。

基于流动和传质方程，可通过数值模拟得到相应的膜面污染物累积过程。图 6-3 为中空纤维膜在两种过滤方式下运行 30min 后入口段污染物累积效果的对比图。详细的过程可参考崔海航等(2016，2015)的研究。

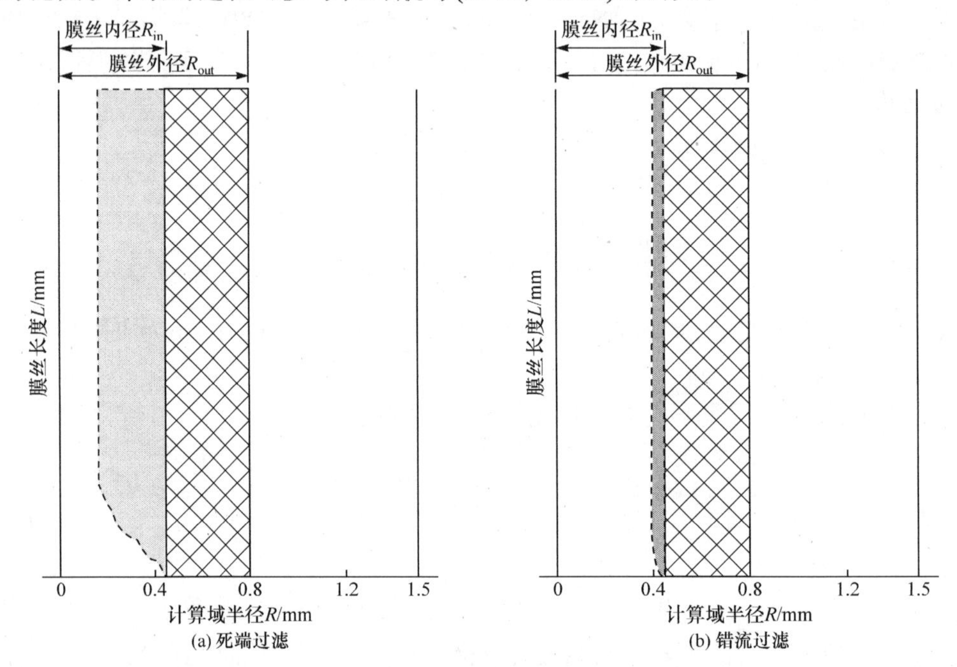

图 6-3　两种过滤方式下膜面入口段污染物累积对比图

在过滤初期，两种过滤方式的污染物均会在膜面被迅速截留积累，形成滤饼层，过滤阻力随着过滤时间的增加不断增加，从而导致渗透通量急剧下降。但与死端过滤相比，在错流过滤的中后期，由于水流剪切作用增大，可带走膜面累积的部分污染物，当膜面污染物的截留与由剪切作用形成的膜面冲刷相平衡时，膜渗透通量逐渐趋于稳定，会以较小的过滤阻力得到较高的渗透通量。

进一步观察膜丝的入口(靠近横轴处)可以看到，代表膜丝内膜面的边界向轴线(R =0mm)处移动，体现了因污染物在膜面累积而变厚的趋势(灰色部分为膜面污染物，网格部分为膜本体)。在死端过滤模型中，由于入口处水流相较后部更大，在入口处膜面污染物不易积累；而在入口处后部，因水流流速较低，原料液在压力差的作用下透过膜本体流出膜丝，所以污染物主要积累在该段，并在后端逐渐呈平滑趋势。与死端过滤模型结果类似，错流入口处膜面污染物也不易积累，积累主要集中在膜丝入口处后部，并在沿膜面水流方向逐渐呈平滑趋势。但因错流具有较高的水流剪切作用，膜面污染情况较轻，渗透阻力较小，从而运行中膜的渗透性能更好。因此，对膜污染而言，错流过滤比死端过滤更具优势。

6.2.3　脉冲及连续流进水方式对膜污染的影响分析

下面探讨脉冲流及连续流两种进水方式对膜污染的影响。在连续流下，入口压强恒定不变。对于脉冲流，则假设入口压强具有随时间正弦变化的函数形式，具体为

$$P = A_0 + A_0 \sin\frac{2\pi}{T}t \tag{6-5}$$

式中，P 为入口压强，Pa；A_0 为振幅区间，m；T 为周期，s。

在有效值 A_0 相同的情况下，对比研究连续流及脉冲流膜面污染物的累积情况。图 6-4 为通过数值模拟得到的运行 30min 后的累积效果对比图，具体过程可参考崔海航等(2016，2015)的研究。

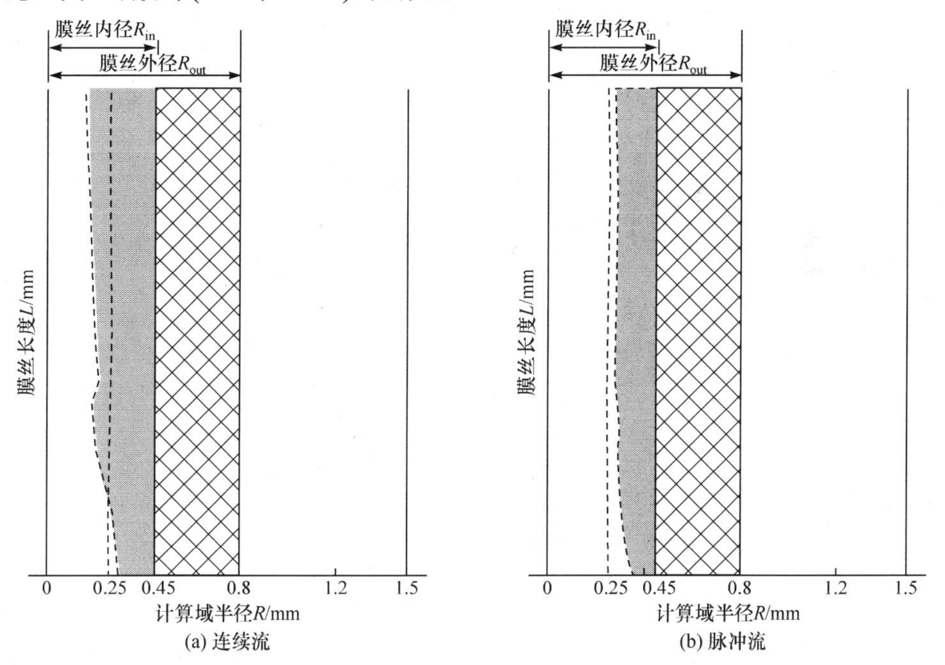

图 6-4　两种进水方式膜面污染物累积对比图

从图 6-4 可以看出，未污染时膜面初始位置处于 R =0.45mm 处，随着运行时间的推移，膜面截留大量污染物，致使两者的污染物厚度均出现不同程度的

增加。连续流中，污染物增厚至参考位置(图 6-4 中虚线所示)的左侧，而脉冲流中污染物增厚小于虚线所示位置。说明在相同的压强有效值条件下，脉冲流模型具有更高的有效剪切力，可以减轻过滤阻力。

为分析产生上述结果的原因，特定义克服污染物间黏附力必须达到的最低流动压强为临界压强。对于压差驱动的膜分离过程，压强与速度成正比，因此临界压强与临界剪切力是对应的。

图 6-5 为两种进水方式的入口压强与冲刷膜面污染物的临界压强 P_{cr} 随时间变化的示意图。

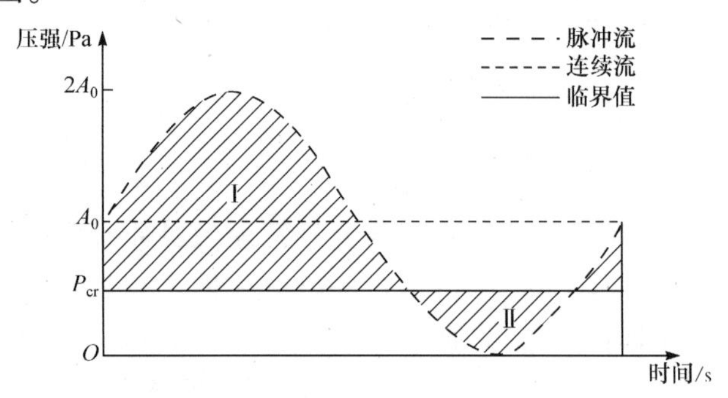

图 6-5　连续流与脉冲流进水方式下入口压强与临界压强的关系

由图 6-5 可知，区域 I 为脉冲流压强高于临界值的有效部分；区域 II 为脉冲流压强低于临界值的无效部分；连续流压强均为有效区域，在图中表现为代表 A_0 与 P_{cr} 两条水平线所构成的矩形区域部分。

通过简单分析可以得到，仅当理论上 $P_{cr}=0$ 时，脉冲流与连续流才具有相同的水力冲刷效果。但实际使用中污染物间存在一定的相互作用，P_{cr} 通常大于零。当 $0<P_{cr}<A_0$ 时，二者同时存在冲刷，但脉冲流具有更高的有效压强值；当 $P_{cr}>A_0$ 时，脉冲流仍具备有效压强值，而连续流则不具备有效压力值。

因此，相较于连续流而言，在减轻膜污染、提高膜通量方面，脉冲流的水力性能要优于连续流的水力性能。

6.2.4　其他操作方式对膜污染的影响分析

膜面处的流动状态会直接影响到局部应力状态，是膜污染物清洗的关键因素，利用水动力学手段改变膜面的流动及传质状态，可以实现对膜面污染物的主动控制。在膜污染的控制策略方面，已提出了多种强化膜面流动与传质过程的策略，进而减缓膜污染(Michel，2012)。除前文提到的脉冲流外，常用的方法还有以下几种。

1) 流动的湍流化

通过提高原料液进口的流速，安装湍流促进器(多为不同结构形式的障碍物)，或改变膜表面结构(设置沟槽)，能够增加膜面流体的湍流强度，打破膜面的凝胶层，并增加膜面剪切力，进而破坏滤饼层，调控膜污染。

但是，流动的湍流化会使得流动阻力增加，流动轴向的压降过大，消耗更多能量，还会降低可利用的有效膜面积(Shakaib et al.，2009；Kausick et al.，2004；Pellerin et al.，1995)。

2) 引入气体强化流动

在膜过滤过程中引入曝气是一种高效、简单、低能耗的技术。气液两相流是一种不稳定的流动，将其应用于过滤过程后，流体的湍动程度会增强，膜面流速提高，膜表面剪切力增大，从而抑制膜污染(Wicaksana et al.，2005)。这种强化过滤技术在实际中已得到了验证。

需要说明，在实际应用时需要通过试验确定出最优曝气量，一旦曝气量超过最优值，即使能耗增加，对消除浓差极化的作用也不大。

3) 二次流

在旋转筒式膜分离器中，外筒静止、内筒达到一定转速时，两旋转圆筒环隙间的黏性流体因离心力的影响，产生与主流垂直的二次流，称为泰勒涡。流体流动产生的二次流对膜面不断冲刷，使污染物难以在膜面上沉积(赵宗艾等，1997)。流体在流经弯曲流道因向心力作用而形成的二次流，弯道中出现规则分布的成对反向漩涡，形成不稳定的流态，称为迪恩涡。迪恩涡能很好地提高对流传质效率，多应用于螺旋纤维膜组件。

二次流这种膜分离强化技术能减小浓差极化和膜污染，但会因螺旋组件而带来较高的能量消耗，另外由于存在旋转部件还会出现密封困难等问题(湛含辉等，2011；杨柳等，2000；Bauser et al.，1982)。

6.3　水处理膜抗污染性能改进方法

针对欲实现净化的水质，不同材质的分离膜均有一定的抗污染能力。随着经济和社会的发展，对水质的要求日益提高，但生产技术的发展使废水的水质变得越来越复杂。无论是水源水还是再生水的净化，膜分离技术的作用将更为重要。

膜分离技术的水平决定着水质净化工艺的实际效果和经济效益(侯淑华等，2017；江鹏等，2017)，膜的抗污染能力低下是阻碍膜分离技术广泛使用的主要因素。从膜的应用角度出发，研究关于膜的污染机制及控制对策，对膜的推广应用起着积极的促进作用。但仅从应用侧关注膜污染问题，在原水水质千变万化的形势下略有不足。从膜本身的抗污染能力入手，改善膜的性质，从应用侧和供给侧协同努力，将是解决水质净化需求和膜污染问题的根本途径。

6.3.1　水处理膜抗污染改性的主要目标

目前，制备高分子分离膜的材料如聚砜、聚偏氟乙烯等具有很强的疏水性。疏水性的表面容易与水中的微生物、胶体粒子或溶质大分子发生疏水相互作用，导致其在膜表面或膜孔内吸附、沉积，造成膜孔径变小或堵塞，形成膜污染。对工程用膜分离过程而言，膜污染主要表现为驱动压力升高、通量下降，因而膜分离效率会急剧下降，运行成本提高。

针对膜抗污染，学术界的研究主要集中在以下几个方面：

(1) 对聚合物膜进行亲水化改性以提高其抗黏附性能，进而提高其抗污染性。

(2) 用抗菌化学试剂杀灭吸附在膜表面的细菌，防止生物膜的形成，提高抗污染能力。

(3) 提高膜的抗黏附性和改进抗菌功能，更有效地抑制生物膜的形成，以提高抗污染能力。

(4) 通过膜材料的性能和制取技术的科学选择，实现膜结构的改进等，达到提高抗污染能力的目的。

根据溶质的性质特点，抗污染膜的改进研发也具有不同的方向，注重分离膜使用的研究者重视膜性能的特色用途，通常依据水质特征进行抗污染膜的性能改进研究，在水处理过程中更重视提升抗污能力和透水通量等性能。

6.3.2　水处理膜抗污染改性的技术方法

PVDF、聚氯乙烯(polyvinyl chloride，PVC)、聚丙烯(polypropylene，PP)、聚乙烯(polyethylene，PE)等有机高分子膜，具有价格低廉、化学稳定性好、机械强度高、制备容易等优点。但是高分子膜材料由于自身的强疏水性，极易受到污染，从而使其寿命缩短，运行成本上升。因此，改善膜的亲水性对提高抗污染能力非常重要。近几十年来，对有机膜的抗污染能力的改进成为重要的方向，常用的改进膜亲水性的方法主要有共混改性方法和表面改性方法。

1. 共混改性方法

在膜的改性过程中，将一种或多种亲水性的材料与膜基体材料在铸膜液中共混，形成新的复合膜的方法称为共混改性方法，简称共混法。这种改性方法从孔内部到膜表面对膜的亲水性均有一定提高，具有工艺简单、改性膜性能稳定等优点。添加剂的均匀分散是该方法的关键，如果分散不均，则可能会使有机膜本身所具有的良好强度、韧性、抗老化性等物理和化学性质发生变化，特别是在添加无机添加剂时此类问题比较突出。

目前，在有机膜共混改性中，提高膜亲水性的物质有高分子聚合物、两亲性聚合物及无机纳米粒子等。

1) 高分子聚合物共混改性

利用聚乙烯吡咯烷酮(PVP)、聚乙二醇(PEG)、聚丙烯腈(PAN)、醋酸纤维素(CA)、聚乙烯醇(PVA)等高分子聚合物，其本身与疏水性膜基体材料具有较好的相容性，并且其链段有少量含氧的亲水性官能团，因而可用来改善有机分离膜的抗污染性能。

当共混改性添加剂为一种时，添加剂的含量和分子量对改性复合膜的性能影响通常可控。研究表明(王磊等，2015a；蔡巧云等，2015)，随着配合比的提高，改性复合膜对牛血清白蛋白及腐殖酸溶液的初期通量、改性膜与污染物的黏附力均呈先减小后增大的趋势，而通量恢复率则呈先增大后减小的变化；当添加剂为多种高分子聚合物时，需要进行翔实的科学实验，通过调控添加物的配比、添加剂与膜基体材料的配比等条件，使复合改性膜的纯水通量、机械强度、韧性和接触角处于综合的优良水平(江鹏等，2017；王磊等，2015b；李江腾等，2015；王欣等，2014)。

2) 两亲性共聚物共混改性

两亲性聚合物一般具有可以与疏水性膜材料相容的疏水性链段和可以改善膜亲水性的亲水性链段。研究发现，在铸膜液中添加两性共聚物，既能改善疏水性有机膜的亲水能力，又可显著改善有机膜的透过性，是有机膜共混改性的新思路。但是两亲性共聚物合成存在工艺复杂、合成产物产率过低等缺点(江鹏等，2017)。

3) 无机纳米粒子共混改性

无机纳米粒子具有独特的微观尺度效应、高比表面积以及良好的湿润性等性质，已用于膜的亲水共混改性并受到关注的有氧化石墨烯(graphene oxide, GO)、碳纳米管等新型碳纳米材料以及 TiO_2、SiO_2 等半导体材料，总体处于活跃的研究阶段(江鹏等，2017；姜家良等，2016；山斓等，2016；Zhao et al., 2015；付小康等，2015)。相关报道已不少，新型的高性能抗污染改性膜的发展前景较好。

2. 表面改性方法

利用物理或化学的方法在成品膜表面引入具有亲水性功能的薄层，以改善有机膜的抗污染性能的方法称为表面改性方法。表面改性方法的最大优点是在改善有机膜表面的亲水性和抗污染性时，不破坏膜本体优异的物理和化学性质，但存在亲水性功能层结合不牢固、抗污染效果不持久、改性过程复杂等不足。根据表面改性原理，膜表面改性技术又有膜表面接枝和膜表面涂覆两种改性类型(江鹏等，2017)。

1) 膜表面接枝改性

膜表面接枝改性是通过化学处理、等离子体处理、高能射线辐照等方法进行活化，在聚合物膜表面产生极性基团或自由基等反应活性点，以这些官能团作为接枝点，利用化学键在膜表面接枝亲水性物质，从而生成亲水性的功能层。功能层的亲水性官能团如羧基(—COOH)、羟基(—OH)、磺酸基($—SO_3$)、氨基($—NH_2$)等，有利于提高膜表面的亲水性和改善有机膜的抗污染性。

(1) 化学处理接枝是利用氧化还原、聚合等化学方法对膜表面进行活化，使得膜表面带有部分亲水性基团作为接枝点，然后将接枝单体引入到膜表面的方法。

(2) 利用等离子状态下的 O_2、N_2、CO_2、NH_3 等气体对膜表面进行活化，再将接枝单体引入到活化膜表面的技术方法称为等离子体接枝。在等离子辐照下利用分子间的自组装技术实现膜亲水性改善的研究也有不少报道(Masuelli et al.，2012)。

(3) 高能射线辐照接枝技术与等离子体接枝技术类似，不同点在于运用高能射线(γ射线、紫外线、高能电子束等)使膜表面聚合物得到活化。不少研究者通过将单体接入到活化的膜表面的技术方法，使 PVDF 超滤膜的孔径、孔隙率、亲水性等性能得到很好的改善(Kamelian et al.，2015)。

2) 膜表面涂覆改性

膜表面涂覆改性是在成品有机膜表面通过界面交联、吸附、界面聚合等作用涂覆一层或多层亲水性涂层的技术方法。目前常用的涂覆材料有多巴胺(dopamine，DA)和聚多巴胺(polydopamine，PDA)等。

亲水性涂层的厚薄和均匀性对膜改性效果有着关键的影响。涂层过薄，亲水性和抗污染性提高不明显；涂层过厚，则可能脱落或因膜孔堵塞造成通量下降。

总之，根据上述不同改性技术的优缺点，集成不同改性技术的优势，实现优势互补，对有机膜进行性能改进，提高现有膜材料抗污染性能，适应千变万化的水质特征是一项持久的研究任务，也是膜性能改进研究热度持续不减的重要原因。

除了改性技术方法外，制膜材料的结晶度、膜的孔隙结构、膜面的亲/疏水性、膜面电荷和粗糙度等均是影响膜性能的重要参数，也是改性膜性能表征的重要内容。

6.4　调整膜结构改进膜抗污染性能

通常情况下，膜的通量、截污与抗污能力在很大程度上受高分子材料的性质、孔隙结构和膜表面特性的影响。下面择其主要参数作简要介绍。

6.4.1　膜的孔隙结构对膜抗污染性能的影响

水处理分离膜的水通量和溶质去除主要受膜的孔隙率、孔径分布、弯曲度等结构性能的影响，这些性能又受膜材料的影响，因此采用合适的膜制取方法十分重要。

Hagen-Poiseuille 公式(式(1-23))和 Darcy 公式(式(1-49))描述的是膜孔径、孔形状与膜通量、跨膜压差及污染物特性间的关系。相关研究表明，膜孔径越大，膜的最初渗透通量越大(Tang et al.，2014；Nghiem et al.，2007；Xu et al.，2006；Ismail et al.，2004)。但膜孔径较大时易引起污染物在孔道内吸附，导致膜孔窄化和膜孔堵塞等不可逆污染；在膜孔径与颗粒或溶质尺寸相当时，颗粒受到的渗透拖曳力作用较大，能够克服横向剪切力的作用，污染颗粒容易停留在膜表面；在膜孔径较小时，在横向剪切力作用下，颗粒或溶质较难停留，不易堵孔。另外，膜孔径不同，形成的污染类型也不同(Nghiem et al.，2007)。当膜孔径相对溶质粒径较小时，易形成浓差极化和滤饼层污染；而膜孔径相对溶质粒径较大时，易形成膜孔窄化或膜孔堵塞。

对 Hagen-Poiseuille 公式进行分析可知，当膜厚度、弯曲因子较大，孔隙率较小时，溶质和溶剂的渗透通量较小；在膜过滤过程中，膜表面污染层形成二级过滤单元，膜污染层孔隙率不仅影响着膜过滤阻力和截留率，还影响着污染层的结构特征(Ismail et al.，2006)。

6.4.2　膜材料性质对膜结构的影响

研究表明，膜材料结晶度对膜结构有重要影响，高分子材料的结晶度是指结晶性聚合物中晶体部分所占的质量百分比，是决定高分子机械稳定性和渗透性的主要参数(Lalia et al., 2013)。大部分高分子材料由非结晶相和结晶相组成，结晶度与聚合物种类及其结构密切相关。结晶相分子间的强烈作用，导致高分子链呈高度聚集的规律结构；而非结晶相是不定向的分子相互连接，液体无法进入聚集结构。纳滤膜、反渗透膜分离过程中液体的运输作用主要依靠吸附作用和扩散作用，渗透的通量取决于吸附量和扩散量，因此液体的通量发生在非结晶层。Peterlin 等(1975)研究了结晶度、微结晶空间分布与自由体积分数对高分子吸附和扩散作用的影响，得出吸附质数量与扩散系数、结晶度的关系为

$$D = D_0\left(\Psi_c^n / B\right) \tag{6-6}$$

式中，D_0是浓度为 0 时的扩散系数；Ψ_c为结晶材料的质量分数，%；B为常数；n为指数因子($n<1$)。

研究表明，非结晶态的膜膨胀度提高时，过滤系数会提高；而晶态的膨胀度提高时，过滤系数会减小(Gholap et al.，2004)。降低结晶度有利于提高水扩散量，在结晶度占主导时，膜孔隙率减小会导致膜通量下降。因此，获取更好的孔隙率和通量、改善膜材料结晶度是膜结构改进的重要途径(Tseng et al.，2012；Peng et al.，2011，2010；Minelli et al.，2010；Yu et al.，2009；Lue et al.，2008；Shon et al.，2007)。

6.4.3 膜制备方法对膜结构的影响

在反相法中，膜的孔隙率、孔隙结构和孔径分布受制膜液组成与凝固液的控制。有研究认为，用热水处理纤维素膜可使其表面孔径收缩，原因是纤维素结晶度高，对孔径收缩更加敏感。在 PES 膜制备过程中聚醚砜(PES)和聚乙烯吡咯烷酮(PVP)的质量比一定时，PVP 和 PES 间的化学作用能提高膜的孔径，导致其通量增大(Tiraferri et al.，2011)。

提高纺丝溶液中聚醚酰亚胺浓度会降低膜的平均孔径和孔隙率，形成手指状大孔隙，而大孔隙有利于降低传质阻力；引入大分子物质可改善聚醚酰亚胺中空纤维膜的疏水性，使改性聚醚酰亚胺膜具有更高的平均孔径、渗透速率和内部与外部接触角(Bakeri et al.，2012，2010)。

但是，随着膜平均孔径的增大，膜孔的密度会降低。因此，在膜的应用过程中，按使用需求选择适当的膜平均孔径和膜孔密度很重要。一般采用膜孔径较小而膜孔密度较高的膜以达到同时满足膜的透水性和截留性能的目的。

6.5 调整膜面性质改进膜抗污染性能

6.5.1 膜表面的亲疏水性质对膜抗污染性能的影响

多数压力驱动膜具有高热导率、高化学稳定性、高机械稳定性和高疏水性，对水中疏水性溶质有很强的吸附性(Humplik et al.，2011)。具有亲水表面的膜，由于污染物和膜表面相互作用减小，相对不易受有机物、微生物和带电无机物

粒子等污染物的污染。亲水的膜表面易形成亲水层，具有亲水层的膜有较高的表面能，能够在水分子周围形成氢键，膜与液体之间建立一层微薄的水界面，疏水溶质想进入水界面破坏有序的结构十分困难。因此，提高膜的亲水性是降低膜的胶体污染、生物污染和有机污染的关键途径。

疏水性的膜表面和水的界面层几乎无氢键作用，推动水分子远离疏水表面，因此污染物有吸附到膜面的趋势。接触角是表征膜表面亲疏水性特征的重要指标，与膜表面官能团、Zeta 电位和表面粗糙度关系密切(Zou et al.，2010)。提高膜表面亲水基团(如—OH 、—NH_2 等)的密度能有效提高膜的亲水性(Bellona et al.，2004)。对反渗透膜来说，高的 Zeta 电位和粗糙度有利于接触角的减少和亲水性的提高。对接触角而言，官能团的影响比粗糙度的影响更大。

6.5.2　膜表面电荷与溶质性质对膜抗污染性能的影响

溶质的带电性与多孔膜间的静电作用对污染物的去除有重要影响，其作用程度主要决定于膜表面电荷。膜表面电荷通常通过 Zeta 电位表征。膜表面带负电，可使有机污染物、生物污染物的吸附降低，有利于提高无机盐的去除效率。

当膜表面和污染物带同种电荷时，污染物与膜间存在静电斥力，阻碍污染物在膜面的沉积，从而减少膜污染。研究发现，高离子浓度时，德拜长度较小，Zeta 电位更趋于正值，在膜内的静电作用越小；低离子浓度时，德拜长度较大，Zeta 电位更趋于负值，孔半径增大，膜体官能团间的静电斥力越小(Jarusutthirak et al.，2002；Boussahel et al.，2002)。

膜表面电荷变化是影响静电排斥和空间筛分机理的重要因素。有研究发现，切割分子量较大的膜及分子量较小的溶质受膜电荷变化影响较大，这是因为膜孔径较大时，膜溶胀作用相对较小，静电作用效果可以在较大范围内增大膜截留率。也说明当膜孔径较大时，静电作用力占主导作用。同样，小分子量有机物相对更易受空间筛分作用的影响，由于膜的溶胀作用增大了膜孔径，抵消了膜与溶胀之间的 Donnan 排斥作用，因此小分子量有机物截留率降低(Xu et al.，2006)。

当膜 Zeta 电位增大时，对于轻微污染的 NF 膜，亲水性有机物截留率减小。但当污染严重时，膜孔径的增大无法抵消污染引起的膜孔堵塞，因此截留率增大。对于大分子量有机物，如 NOM、胶体、多糖、蛋白质等，静电排斥力会减缓膜面的沉积速率和程度，减缓膜污染。

对于无机离子，静电排斥力起重要作用。当膜为荷电膜时，盐的截留顺序遵循 Donnan 排斥力大小，同离子价态越高，反离子价态越低，膜电荷越高，则截留率越高。对于中性膜，其截留顺序还与盐的扩散有关，扩散系数大，则截留率低。对于两性膜，在膜的等电点时，截留率最低(Bellona et al.，2005)。

6.5.3 膜表面粗糙度对膜抗污染性能的影响

膜表面的粗糙度是膜材料的物化性质及制膜工艺不同而形成的。较大的膜面粗糙度增大了吸附污染物的总面积，其峰与谷的结构会加剧污染物在膜表面的积累，加快膜污染的速率。膜的粗糙度也会影响剪切面的距离，增大颗粒迁移过程中的相互作用力，对膜污染产生重要影响。

有研究通过 AFM 表征膜面污染过程，发现初始膜污染阶段，颗粒优先沉积到膜的低洼处，因此沉积到粗糙膜表面的颗粒多于光滑膜，导致膜面低洼处发生堵塞(Al-Jeshi et al.，2006)。

一般认为，表面光滑的膜倾向于形成致密的污染层，导致膜水通量衰减较快，粗糙度较大的膜形成的污染层则较疏松，膜水通量受污染层影响较小。

粗糙度还能降低膜对微生物的吸附，从而有效控制膜的生物污染。RO 和 NF 膜的胶体污染与膜表面粗糙度相关性更明显。粗糙度越大的膜，其膜通量衰减越严重。

目前对于膜的粗糙度与膜污染的关系有不少的研究，但认识不尽相同(Ramon et al.，2013)。有关膜的粗糙度与膜厚度的关系、粗糙度与渗透量及污染物吸附的变化等问题仍有待做进一步的研究。

本章通过梳理水处理膜抗污染能力改进的研究实践，得到的初步认识是：深入理解水处理过程中膜结构及表面性质与膜性能的影响关系是进一步发展高分子膜与技术优化的基础；膜的通量、截污能力及抗污染能力受膜材料的化学成分、孔隙结构、膜面亲疏水性、膜面电荷(Zeta 电位)、表面粗糙度、膜孔径以及膜孔密度的影响，这些是膜改性研究需要解决的关键问题。在诸多的改性技术中，膜复合性能的改进虽然具有技术难度，但应该受到关注。

在适应千变万化的水质净化需求中，特色鲜明的水处理膜技术的发展与应用研究依然十分重要。水资源的短缺使城市污水二级处理水作为新的水资源，针对其复杂的水质特性，深度再生的膜材料选择、膜结构及表面特性等改进受到重视。

复杂多变的水质决定了膜的抗污性能改进的发展空间巨大，水处理抗污染膜的性能改进将是持续的课题，利用膜结构参数和微观作用力及 QCM-D 技术的膜污染微观作用评价方法，对不断改进的抗污染膜依然是可用的，特别是 QCM-D 技术或许更具适用性。

参 考 文 献

蔡巧云，王磊，苗瑞，等, 2015. PVDF/EVOH 共混膜制备及其抗污染特性的分析[J]. 膜科学与技术, 35(1): 28-34.

崔海航，胡晓晶，刘珺芳, 2015. 基于移动网格的超滤膜污染物截留过程的动态数值模拟[J].

膜科学与技术, 6: 59-66.
崔海航, 刘珺芳, 2016. 基于污染物临界粘附力的超滤动态过程的CFD模拟[J]. 环境科学学报, 36(10): 3636-3642.
付小康, 王磊, 黄丹曦, 等, 2015. AFM在PVDF/SiO_2共混超滤膜抗污染分析中的应用[J]. 膜科学与技术, 35(5): 71-78.
郭春禹, 原学贵, 杨晓伟, 等, 2010. 膜清洗技术应用研究[J]. 清洗世界, 12: 1-7.
侯淑华, 王雪, 董雪, 等, 2017. 抗污染高分子分离膜研究进展[J]. 应用化学, 34(5): 502-511.
黄霞, 莫罹, 2003. MBR在净水工艺中的膜污染特征及清洗[J]. 中国给水排水, 19(5): 8-12.
姜家良, 王磊, 黄丹曦, 等, 2016. QCM-D与AFM联用解析EfOM在SiO_2改性PVDF超滤膜表面的吸附机制[J]. 环境科学, 37(12): 4712-4719.
江鹏, 罗斌, 程志华, 2017. 有机分离膜抗污染改性研究进展[J]. 能源与环境, 3: 82-84.
李江腾, 王磊, 苗瑞, 等, 2015. PVDF/PVA改性超滤膜抗污染特性的微观作用力评价分析[J]. 环境工程学报, 9(3): 1086-1092.
刘乾亮, 2012. 膜蒸馏工艺处理高浓度氨氮废水的研究[D]. 哈尔滨: 哈尔滨工业大学.
乔玉柏, 邵嘉慧, 何义亮, 2012. 气液两相流方法对络合-超滤膜组件污染的清洗[J]. 净水技术, 4: 92-97.
曲久辉, 刘慧娟, 2019. 水处理电化学原理与技术[M]. 北京: 科学出版社.
山斓, 王磊, 王旭东, 等, 2016. TiO_2/PVDF编织管改性复合膜的制备及性能[J]. 环境工程学报, 10(9): 4796-4802.
王磊, 王磊, 王欣, 等, 2015a. PVA含量对PVDF/PVA改性膜抗污染性的影响研究[J]. 西安建筑科技大学学报(自然科学版), 47(2): 272-275.
王磊, 刘婷婷, 米娜, 等, 2015b. PDA/PIP二胺混合聚酰胺复合纳滤膜制备及性能表征[J]. 西安建筑科技大学学报(自然科学版), 47(1): 108-114.
王欣, 王磊, 黄丹曦, 等, 2014. PVDF/SiO_2超滤膜抗污染特性的微观作用力分析[J]. 膜科学与技术, 34(05): 73-78.
吴光夏, 张东华, 刘忠洲, 等, 1999. 膜的负压清洗方法研究[J]. 膜科学与技术, 19(4): 54-57.
吴望一, 2011. 流体力学[M]. 北京: 北京大学出版社.
杨柳, 陈文梅, 褚良银, 2000. 旋转管式膜分离器环隙间速度和流线数值模拟[J]. 高校化学工程学报,6: 524-529.
张博丰, 马世虎, 2009. 超/微滤膜的膜污染与膜清洗研究[J]. 供水技术, 3(6): 13-16.
张国俊, 刘忠洲, 2003. 膜过程中膜清洗技术研究进展[J]. 水处理技术, 29(4): 187-190.
湛含辉, 朱辉, 2011. 螺旋管内迪恩涡运动的数值模拟[J]. 热能动力工程, 26(1): 41-47.
赵宗艾, 姜涛, 韩颖, 1997. 流体不稳定流动强化膜滤过程的研究[J]. 过滤与分离, 2: 37-40.
AL-JESHI S, NEVILLE A, 2006. An investigation into the relationship between flux and roughness on RO membranes using scanning probe microscopy[J]. Desalination, 189(1-3): 221-228.
BAKERI G, ISMAIL A F, SHARIATY-NIASSAR M, et al., 2010. Effect of polymer concentration on the structure and performance of polyetherimide hollow fiber membranes[J].

Journal of Membrane Science, 363(1-2): 103-111.

BAKERI G, ISMAIL A F, RANA D, et al., 2012. Investigation on the effects of fabrication parameters on the structure and properties of surface-modified membranes using response surface methodology[J]. Journal of Applied Polymer Science, 123(5): 2812-2827.

BAUSER H, CHMIEL H, STROH N, et al., 1982. Interfacial effects with microfiltration membranes[J]. Journal of Membrane Science, 11(3): 321-332.

BELLONA C, DREWES J E, 2005. The role of membrane surface charge and solute physico-chemical properties in the rejection of organic acids by NF membranes[J]. Journal of Membrane Science, 249(1-2): 227-234.

BELLONA C, DREWES J E, XU P, et al., 2004. Factors affecting the rejection of organic solutes during NF/RO treatment-a literature review[J]. Water Research, 38(12): 2795-2809.

BOUSSAHEL R, MONTIEL A, BAUDU M, 2002. Effects of organic and inorganic matter on pesticide rejection by nanofiltration[J]. Desalination, 145(1): 109-114.

GHOLAP S G, JOG J P, BADIGER M V,2004. Synthesis and characterization of hydrophobically modified poly(vinyl alcohol) hydrogel membrane[J]. Polymer, 45(17): 5863-5873.

HUMPLIK T, LEE J, O'HERN S C, et al., 2011. Nanostructured materials for water desalination[J]. Nanotechnology, 22(29): 292001-292019.

ISMAIL A F, HASSAN A R, 2004. The deduction of fine structural details of asymmetric nanofiltration membranes using theoretical models[J]. Journal of Membrane Science, 231(1-2): 25-36.

ISMAIL A F, HASSAN A R, 2006. Formation and characterization of asymmetric nanofiltration membrane: Effect of shear rate and polymer concentration[J]. Journal of Membrane Science, 270(1-2): 57-72.

JARUSUTTHIRAK C, AMY G, CROUE J P, 2002. Fouling characteristics of wastewater effluent organic matter (EfOM) isolates on NF and UF membranes[J]. Desalination, 145: 247-255.

KAMELIAN F S, MOUSAVI S M, AHMADPOUR A, 2015. Al_2O_3 and TiO_2 entrapped ABS membranes: Preparation, characterization and study of irradiation effect[J]. Applied Surface Science, 357: 1481-1489.

KAUSICK A, SIRSHENDU D, SUNANDO D, 2004. Performance prediction of turbulent promoter enhanced nanofiltration of a dye solution[J]. Separation and Purification Technology, 43: 85-94.

KWON D Y, VIGNESWARAN S, 1998. Influence of particle size and surface charge on critical flux of crossflow microfiltration[J]. Water Science and Technology, 38(4-5): 481-488.

LALIA B S, KOCHKODAN V, HASHAIKEH R, et al., 2013. A review on membrane fabrication: Structure, properties and performance relationship[J]. Desalination, 326(10): 77-95.

LUE S J, LEE D T, Chen J Y, et al., 2008. Diffusivity enhancement of water vapor in poly(vinyl alcohol)-fumed silica nano-composite membranes: Correlation with polymer crystallinity and free-volume properties[J]. Journal of Membrane Science, 325(2): 831-839.

MASUELLI M A, GRASSELLI M, MARCHESE J, et al., 2012. Preparation, structural and functional characterization of modified porous PVDF membranes by γ-irradiation[J]. Journal of Membrane Science, 389: 91-98.

MICHEL Y J, 2012. Hydrodynamic techniques to enhance membrane filtration[J]. Annual Review of Fluid Mechanics, 44: 77-96.

MINELLI M, BASCHETTI M G, DOGHIERI F, et al., 2010. Investigation of mass transport properties of microfibrillated cellulose (MFC) films[J]. Journal of Membrane Science, 358(1-2): 67-75.

MUTHUKUMARAN S, YANG K, SEUREN A, et al., 2004. The use of ultrasonic cleaning for ultrafiltration membranes in the dairy industry[J]. Separation and Purification Technology, 39(1-2): 99-107.

NGHIEM L D, HAWKES S, 2007. Effects of membrane fouling on the nanofiltration of pharmaceutically active compounds (PhACs): Mechanisms and role of membrane pore size[J]. Separation and Purification Technology, 57(1): 176-184.

PAK A, MOHAMMADI T, HOSSEINALIPOUR S M, et al., 2008. CFD modeling of porous membranes[J]. Desalination, 222(1): 482-488.

PELLERIN E, MICHELITSCH E, DARCOVICH K, et al., 1995. Turbulent transport in membrane modules by CFD simulation in two dimensions[J]. Journal of Membrane Science, 100(2): 139-153.

PENG F, HUANG X, JAWOR A, et al., 2010. Transport, structural, and interfacial properties of poly(vinyl alcohol)-polysulfone composite nanofiltration membranes[J]. Journal of Membrane Science, 353(1): 169-176.

PENG F, JIANG Z, HOEK E M V, 2011. Tuning the molecular structure, separation performance and interfacial properties of poly(vinyl alcohol)-polysulfone interfacial composite membranes[J]. Journal of Membrane Science, 368(1-2): 26-33.

PETERLI N A, 1975. Dependence of diffusive transport on morphology of crystalline polymers[J]. Journal of Macromolecular Science, Part B, 11(1): 57-87.

RADOVICH J M, BEHNAM B, MULLON C, 1985. Steady-state modeling of electroultrafiltration at constant concentration[J]. Separation Science and Technology, 20(4): 315-329.

RAMON G Z, HOEK E M V, 2013. Transport through composite membranes, part 2: Impacts of roughness on permeability and fouling[J]. Journal of Membrane Science, 425-426: 141-148.

SAEED A, VUTHALURU R, VUTHALURU H B, 2015. Impact of feed spacer filament spacing on mass transport and fouling propensities of RO membrane surfaces[J]. Chemical Engineering Communications, 202(5): 634-646.

SHAKAIB M, HASANI S M F, MAHMOOD M, 2009. CFD modeling for flow and mass transfer in spacer-obstructed membrane feed channels[J]. Journal of Membrane Science, 326(2): 270-284.

SHON H K, SMITH P J, VIGNESWARAN S, et al., 2007. Effect of a hydrodynamic cleaning of a cross-flow membrane system with a novel automated approach[J]. Desalination,

202:351-360.

TANG C, KWON Y, LECKIE J, 2014. Fouling of reverse osmosis and nanofiltration membranes by humic acid—Effects of solution composition and hydrodynamic conditions[J]. Journal of Membrane Science, 290(1): 86-94.

TIRAFERRI A, YIP N Y, PHILLIP W A, et al., 2011. Relating performance of thin-film composite forward osmosis membranes to support layer formation and structure[J]. Journal of Membrane science, 367(1): 340-352.

TSENG H H, ZHUANG G L, SU Y C, 2012. The effect of blending ratio on the compatibility, morphology, thermal behavior and pure water permeation of asymmetric CAP/PVDF membranes[J]. Desalination, 284: 269-278.

WICAKSANA F, FAN A G, CHEN V, 2005. The relationship between critical flux and fiber movement induced by bubbling in a submerged hollow fiber system[J]. Water Science and Technology, 51(6): 186-195.

XU P, DREWES J E, KIM T U, et al., 2006. Effect of membrane fouling on transport of organic contaminants in NF/RO membrane applications[J]. Journal of Membrane Science, 279(1-2): 165-175.

YU L Y, XU Z L, SHEN H M, et al., 2009. Preparation and characterization of PVDF-SiO2 composite hollow fiber UF membrane by sol-gel method[J]. Journal of Membrane Science, 337(1-2): 257-265.

ZHAO X, XUAN H, CHEN Y, et al., 2015. Preparation and characterization of superior antifouling PVDF membrane with extremely ordered and hydrophilic surface layer[J]. Journal of Membrane Science, 494: 48-56.

ZOU H, JIN Y, YANG J, et al., 2010. Synthesis and characterization of thin film composite reverse osmosis membranes via novel interfacial polymerization approach[J]. Separation and Purification Technology, 72(3): 256-262.